청소년을 위한
개념 있는 식생활

청소년을 위한 개념 있는 식생활

초판 1쇄 펴냄 2024년 3월 27일
2쇄 펴냄 2024년 7월 26일

지은이 배혜림, 이윤정
그린이 김집순

펴낸이 고영은 박미숙
펴낸곳 뜨인돌출판(주) | 출판등록 1994.10.11.(제406-251002011000185호)
주소 10881 경기도 파주시 회동길 337-9
홈페이지 www.ddstone.com | 블로그 blog.naver.com/ddstone1994
페이스북 www.facebook.com/ddstone1994 | 인스타그램 @ddstone_books
대표전화 02-337-5252 | 팩스 031-947-5868

ISBN 978-89-5807-009-2 03590

청소년을 위한 개념 있는 식생활

배혜림, 이윤정 글 | 김집순 그림

뜨인돌

먹고 싶은 것만 먹으면 왜 안 되나요?

저희는 중고등학교 교사로, 많은 청소년들을 지켜보며 식생활의 중요성에 대해 깊이 고민하게 되었습니다. 청소년들이 어떤 음식을 선택하고 어떻게 섭취하는지가 그들의 몸과 마음 그리고 학업 성적에 결정적인 영향을 미치는 것을 보며, 청소년들에게 건강한 식생활을 알려 주고 싶어 머리를 맞대게 되었습니다.

이 책은 급식에 대한 고민부터 배달 음식의 위험, 올바른 카페인 섭취 방법 등 청소년들이 일상생활에서 마주하는 식생활과 관련한 다양한 이슈들을 다룹니다. 그리고 더 나아가 이웃과 지구 환경을 파괴하는 식생활을 보여 주며 환경 문제, 식량 주권 문제 등 범지구적인 이슈에 대해서도 이야기합니다. 사소해 보였던 한 끼의 식사가 어떻게 나와 지구에 영향을 끼치는지 그 과정을 다양한 자료들을 통해 자세히 살펴봅니다.

오랜 시간 동안 길들여진 식습관을 하루아침에 바꾸기는 쉽지

않습니다. 그렇기에 이 책에는 여러분들의 생각을 정리해서 글로 쓰고, 친구들과 토론할 만한 주제를 곳곳에 제시해 두었습니다. 식생활에 대해 막연하게 생각했던 것들이 글쓰기 과정을 통해 명료하게 정리되는 경험을 하기 바랍니다. 또, 그런 활동을 통해 자신의 식생활을 돌아보면서 건강하고 개념 있는 선택을 하게 되길 응원합니다.

배혜림, 이윤정

차례

식생활과 이웃

식생활과 미래

식생활 체크리스트

① 나는 엽떡에 치즈 추가에 핫도그까지 먹지만 양심상 콜라는 제로콜라로 먹는다. (O/X)

② 맛집에서는 무조건 사진부터 찍어야 한다. (O/X)

③ 마라탕 가게 사장님이 내 얼굴을 외운 것 같다. (O/X)

④ 대부분의 과일 섭취를 탕후루로 한다. (O/X)

⑤ 배달 음식 어플 VIP 회원이다. (O/X)

⑥ 아보카도가 무슨 맛인지 모르지만 그냥 있어 보여서 먹는다. (O/X)

⑦ 먹방을 보고 먹방에 나온 음식을 배달시킨 적이 있다. (O/X)

⑧ 매일 치킨만 먹어도 질리지 않을 자신이 있다. (O/X)

⑨ 다른 사람과 밥 먹는 것보다 혼밥이 훨씬 좋다. (O/X)

⑩ 내가 어떤 식품에 알레르기가 있는지 모른다. (O/X)

⑪ 밥을 먹는 데 5분이면 충분하다. (O/X)

⑫ 하루에 한 번은 꼭 카페인 음료 (커피, 에너지 음료 등)를 마신다. (O/X)

나의 식생활은 어떤 상태?

▶ O에 표시한 개수를 세어 보세요.

9-12 묻지도 따지지도 말고 바로 책을 읽자.

5-8 "나 정도면 괜찮지"라고 생각할 때가 가장 위험하다.

0-4 가슴에 손을 얹고 다시 체크리스트를 해 보자.

1

식생활과 나

오늘의 식생활 관찰기

아 배 아파...
어제 매운맛5 단계로
떡볶이 먹었더니...
(쿠링...)

내가 진짜 이제 매운 떡볶이
먹으면 사람이아니다!!!!!!!!!!
개다!!
개!!!

잠시후...
떡볶이...?
집순아
오늘
떡볶이
콜?
지금
장난하나...

멍!!
(누가 이렇게
기특한 생각을...)

'매운맛'을 즐겨 먹는 게 맛있어서가 아니라고?

통각을 느끼게 하는 음식에 중독되는 이유

"선생님, 배가 너무 아파서 조퇴해야 할 것 같아요." 식은땀까지 흘리면서 교무실에 찾아온 학생. 고3이라 입시 스트레스 때문일까 싶어 걱정스레 배가 아픈 이유를 묻자 "어제 매운 떡볶이를 먹었는데 탈이 난 것 같아요"라고 대답합니다.

엥! 학생을 걱정했던 마음이 빠르게 식어 감을 느끼며, 조퇴증을 끊어 주었습니다. 이후로도 그 학생은 같은 사유로 몇 번 더 교무실을 찾았습니다. 이런 학생은 한두 명이 아니었습니다. 하루는 그 맛이 궁금해서 "선생님도 하나 먹어 봐도 돼?" 하고 얻어먹어 본 적이 있는데, 너무 매워서 눈물과 콧물을 다 쏟기도 했습니다. 고3이고, 공부가 중요한 시기이며, 매운 떡볶이를 먹으면 배가 아파지는 걸 알면서도 그 학생은 왜 자꾸 매운 떡볶이를 먹을까요?

우리가 느끼는 것은 정말 '매운맛'일까?

우리는 흔히 '매운맛'이라고 말하지만, '매움'은 맛이 아닙니다. '매움'을 느끼는 미각 수용체는 존재하지 않기 때문이죠. 그러면 우리가 매운 음식을 먹으며 느끼는 감각은 도대체 뭐냐고요? 그것은 바로 '통증'입니다. 캡사이신(고추의 매운맛을 내는 성분)이 들어오면 우리 몸은 통증 반응을 일으키거든요. 한동안 매운맛의 상징처럼 언급되던 '마라맛'의 '마라(麻辣)'도 한자 자체가 '저릴 마(麻)', '매울 랄(辣)' 자를 쓴다는 점에서 짐작할 수 있듯이 매운맛은 입을 저리도록 아프게 하는 감각입니다. 다만 다양한 음식의 맛과 섞여서 느껴지는 감각이다 보니 이것을 '맛'으로 착각하는

것이죠.

"매운맛을 좋아하는 것은 맞지만, 통증을 좋아하는 것은 아니라고요!" 하는 목소리가 여기까지 들리는 것 같네요. 맞아요, 여러분은 통증을 좋아하는 게 아닙니다. 몸에 통증이 발생하면, 우리의 몸은 통증을 줄이기 위해 달콤한 약을 부지런히 만들어 내는데, 이것 때문에 우리도 모르게 매운 음식에 자꾸 빠져들었던 것이거든요.

엔도르핀을 얻기 위해 '매운맛'을 찾는 우리

우리 몸이 고통을 느낄 때, 고통을 줄이기 위해 뇌가 만들어 내는 달콤한 약, 그것은 엔도르핀입니다. 엔도르핀은 '몸에서 나오는 모르핀'을 의미합니다. 모르핀은 마약의 일종인 아편의 주성분으로 통증을 줄여 주는 진통제예요. 즉, 엔도르핀은 진짜 마약은 아니지만 우리 몸의 고통을 줄여 주는 천연 진통제인 것이죠. 게다가 엔도르핀은 스트레스·우울감과 같은 부정적 정서를 완화해 주고, 기분을 좋게 만들어 주기까지 합니다. 극한의 고통이라고 하는 출산을 예로 들면, 출산에 가까워질수록 엔도르핀 분비가 증가하다가 출산 순간 최고치가 된다고 합니다. 엔도르핀 덕분에 산모가 느끼는 고통은 줄어들고 태어난 아이를 맞이하는 기쁨은 극대화되는 효과가 생기는 것이죠. 하지만 문제는 엔도르핀이 모르핀의 '진통 효과'뿐 아니라 '중독성'까지 닮았다는 데 있습니다.

매운 음식을 먹고 엔도르핀 덕에 기분이 좋아지면 이 경험을 또 하고 싶어집니다. 매운 것은 기분을 좋아지게 하는 것, 맛있는 것이라고 내 몸이 기억해 버렸습니다. 스트레스를 해소해 주니 나에게 좋은 음식이라는 생각에, 스트레스를 받을 때마다 매운 음식을 찾게 될 거예요. 이렇게 우리는 매운 음식에 중독되어 갑니다.

우리 몸에 매운맛을 보여 주는 매운 음식

우리 몸이 어떤 자극에 통증 반응을 일으키는 이유는 그 자극이 우리 몸에 문제를 일으키기 때문일 거예요. 몸의 어딘가가 다치면 아픈 것처럼 말이에요. 매운 음식이 일으키는 통증 역시 눈에 보이지 않을 뿐이지 우리 몸에 상처를 내고 있을 가능성이 높습니다.

'매운 음식'이라고 인터넷 검색창에 쳐 보세요. 연관검색어로 '맛집'도 나오지만 '속쓰림, 설사, 복통, 배탈' 등의 단어도 함께 나옵니다. 심지어 '혈변'이라는 단어도요. 연관검색어만 봐도 매운 음식을 자주 먹으면 어떤 고통이 따르는지를 잘 알 수 있습니다. 우리가 매운 음식을 자꾸 먹으면 캡사이신 같은 통증 유발 성분들이 위벽을 자극하면서 위벽이 얇아지고 위궤양이나 위염, 역류성 식도염과 같은 질환이 생깁니다. 심한 경우, 소장이나 대장에 염증이 생기거나 위가 다 헐어서 평생 매운 음식을 못 먹게 될 수도 있어요. 극단적으로는 위암으로 진행될 가능성도 있고요. 결국, 우리 몸의 생존을 위해 중요한 역할을 하는 소화기관에 심각한 문제가 생기는 것입니다. 그러면 매운 음식을 먹어 일시적이나마 해소해 보려던 스트레스와는 비교도 안 되게 큰 문제가 생길지도 모릅니다.

매운맛, 참을 수 없는 강렬한 유혹

매운 음식이 우리 몸에 끼치는 부정적 영향에 대해 진지하게 고민하기에는 주변에 매운맛이 너무나도 많습니다. '악마의 매운맛' '극강의 매운맛'이라는 글자는 어쩐지 도전 욕구를 자극하기도 합니다. 매운 것을 못 먹으면 '맵찔이', 매운 것을 잘 먹으면 '맵부심'을 가져도 된다는 사회적 분위기가 대세이기도 하고요. 이런 추세와 맞물려 식품업계에서는 경쟁적으로 패스트푸드, 치킨, 과자, 가공식품 등 종류에 상관없이 매운맛을 첨가하고 있습니다. 매운맛 아이스크림까지 나왔을 때는 정말 놀랄 수밖에 없었습니다. 이쯤 되면 궁금해서라도 먹고 싶을 만큼 매운 음식들이 우리를 강렬하

게 유혹하고 있습니다.

술이나 담배에 유해성 경고 문구를 필수적으로 표기하는 것처럼 매운맛 음식에도 경고 문구를 표기하면 어떨까요? 분명 매운맛 앞에서 한 번이라도 더 고민하는 사람들이 생길 겁니다. 물론, 식품업계에서는 원치 않겠지만 소비자의 건강권을 위해서 점진적으로 이뤄져야 할 일이지요. 하지만 경고 문구를 표기해도, 술이나 담배가 계속 팔리는 것처럼 매운 음식에 경고 문구를 표기한다고 매운맛을 즐기는 사람들이 완전히 사라지진 않을 겁니다. 더 근본적인 문제가 따로 있기 때문이죠.

우리가 매운맛에 중독되는 것은 단순히 주변에 매운 음식들이 너무나 많아서만은 아닙니다. 좋은 기분을 추구하는 쾌락에 대한 욕구와 스트레스를 완화하려는 욕구 때문입니다. 스트레스 완화에 초점을 맞춰서 본다면 우리가 매운맛에 중독된 것은 그만큼 해소해야 할 스트레스가 많다는 의미이기도 합니다.

불황이 지속되면 매운맛의 인기가 높아진다고 합니다. 실제로 코로나19 기간 동안 매운맛 식품 소비가 늘었습니다. 서울시에서 조사한 '코로나19 시대 나를 위로하는 음식' 1위를 차지한 것이 '매운 떡볶이'였다고 합니다. 이런 면들을 살펴보면 매운맛 중독에서 벗어나는 게 쉽지는 않아 보입니다. 매운 음식을 판매하는 식당이나 식품업계에 경고 문구를 부착하게 하거나, 매운 향신료를 덜 쓰게 제재하면 우리가 매운맛에 노출될 가능성은 줄어들겠

지만 삶에서 느끼는 스트레스가 줄어드는 것은 아니기 때문이지요.

삶에서 겪는 여러 문제가 한 번에 해결되는 마법은 벌어지지 않을 것이고 우리는 자꾸만 매운맛을 찾겠지요. 삶의 매운맛 앞에서 매운 음식을 먹으며 하루하루 버티는 우리. 짠하고 안타까움에 한 번 더 나에게 매운맛을 허락하고픈 마음도 듭니다. 하지만 음식만으로 삶의 매운맛을 다스릴 수는 없습니다. 다른 방법을 고민하지 않는다면 스트레스로부터 겨우 버티던 우리 몸이 망가질 수도 있다는 것을 꼭 기억했으면 좋겠어요. 고3의 입시 스트레스를 매운 떡볶이가 해결해 주지 않듯이 여러분 삶에 닥친 매운맛은 매운맛 음식이 해결해 줄 수 없어요.

먹는 것만 봐도 행복해진다고?

정서적 허기와 스트레스를 대신 풀어 주는 '먹방'

"안녕하세요, 오늘은 떡볶이, 순대, 튀김, 어묵, 김밥. 이렇게 분식 5종 세트를 먹어 보려고 해요. 떡볶이는 밀 떡볶이, 쌀 떡볶이 두 종류, 김밥도 다양한 종류로 푸짐하게 준비했답니다. 그러면 튀김부터 떡볶이 국물에 야무지게 찍어 먹어 볼까요?"

많은 양의 음식을 맛있게 먹는 모습을 보여 주는 방송으로 인기가 있는 '먹방'. 여러분은 이런 먹방을 얼마나 자주 보고 있나요? 영상물과 단절한 채 사는 경우가 아니라면 먹방을 한 번도 본 적이 없다고 답할 사람은 거의 없을 거예요. 언젠가부터 먹방이 많아졌고 시청하는 사람도 많아졌어요. 내가 먹는 것도 아니고 남이 먹는 것만 쳐다보고 있어야 하는데도 많은 사람이 먹방을 즐겨 보는 이유가 뭘까요?

외국에서 신기하게 생각하는 우리의 독특한 문화 중 하나가 "밥 먹었어?" 혹은 "언제 밥 한번 먹자"와 같이 '밥'과 관련한 인사말을 건네는 거라고 하죠. 이 말이 정말로 상대방이 밥을 먹었는지 궁금하거나 상대방과 반드시 밥을 먹겠다는 의지를 보여 주는 것이 아님을 우리는 잘 알고 있습니다.

'밥을 먹는다'는 것은 신체적 허기를 채우는 행위만이 아니라 대화나 교감을 통해 '정서적인 허기도 함께 채운다'는 의미를 갖고 있습니다. 그렇기에 밥을 먹었냐는 말은 몸과 마음 모두 안녕히 잘 있는지 묻는 인사말이 될 수 있고, 밥을 먹자는 말은 서로 교감할 수 있는 시간을 갖자는 말로, 다음의 만남을 기약하는 말이 되는 거죠.

그런데 우리 사회가 자꾸만 변화하고 있습니다. 1인 가구가 빠르게 늘고 있고, 바쁜 일상으로 인해 서로 시간을 맞춰 식사하기 어려워지면서 혼자 끼니를 때우는 경우가 늘고 있는 것이죠. 게다가 코로나19 장기화로 인한 거리 두기의 영향으로 혼자 밥을 먹는 사람들이 더 많아졌습니다. 밥을 먹으며 대화를 나눌 기회가 점점 줄어들고 있는 거죠. 여러분도 학교를 마치고 바쁜 학원 일정 때문에 편의점에서 혼자 끼니를 때우거나 집에서 밥을 먹더라도 혼자서 먹게 되는 경우가 많을 거예요.

mukbang

명사 (especially in South Korea) a video, especially one that is live-streamed, that features a person eating a large quantity of food and addressing the audience

영국식 [ˈmʌkbaŋ]

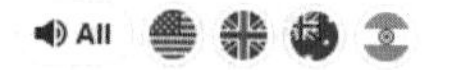

Oxford Dictionary of English

처음 먹방의 모습은 지금과 달랐습니다. 혼자 식사하기 외로운 사람들이 SNS를 소통의 도구로 삼아, “혼자 먹지 말고 같이 먹어요”라는 의도로 서로 다른 곳에서 각자 식사를 하지만 함께 식사하는 기분을 내며 자연스럽게 대화를 나누는 모습이었거든요. 그래서 초창기 먹방은 불완전하게나마 함께 식사하며 교감을 나누는 기분을 느끼게 해 주었습니다.

하지만 지금의 먹방은 예전의 모습과 많이 달라졌어요. 옥스포드 영어사전에도 ‘먹방’이라는 말이 ‘mukbang’이라고 등재되어 있을 만큼 한국만의 독특한 콘텐츠로 자리 잡은 지금은, 엄청난 양의 음식들을 미션 수행하듯이 먹어 치우는 모습으로 바뀌었습니다. 정상적이지도 않고 자연스럽지도 않은 식사 모습이지만, 한국뿐 아니라 해외에서도 먹방은 인기가 많습니다. 국적을 불문하고 많은 이들이 먹방에 빠져드는 이유가 무엇일까요?

먹방에 빠져드는 이유

먹방을 보는 이유로 가장 많이 언급되는 것은 '대리 만족'입니다. 내가 먹지는 않지만 남이 먹는 것을 봄으로써 만족감을 느낀다는 것이죠. 다이어트로 인해 식사를 제대로 하지 못하거나 바쁜 일상 속에서 대충 식사를 해결하는 나와는 달리, 혼자 먹기에 불가능해 보이는 엄청난 양의 음식을 먹어 치우거나 쉽게 구하기 어려운 값비싼 음식을 양껏 먹으며 만족하는 타인의 모습을 보면서 만족감을 느끼는 겁니다. 하지만 남이 먹는 모습을 보며 어떻게 만족감을 느낄 수 있을까요?

음식을 먹는 것은 배고픔을 해소하는 행위일 뿐 아니라 행복감을 높이는 행위이기도 합니다. 음식을 먹으면 우리의 몸에서 엔도르핀과 도파민이 분비되어 행복한 감정을 느낍니다. 신기한 것은 직접 음식을 먹지 않고 누군가가 먹는 모습을 보는 것만으로도 우리 뇌는 음식을 먹고 있다고 착각해서 엔도르핀과 도파민을 분비한다는 겁니다. 그러니 먹방을 보는 것만으로도 대리 만족이 되고 심리적으로 행복감을 느끼는 거죠. 먹방을 본다고 해서 육체적 허기가 채워지는 것이 아닌데도 먹방을 시청하는 사람들이 많다는 것은 정서적 허기를 채우고 싶은 이들이 그만큼 많다는 의미가 아닐까요?

매일 아침 정해진 시간에 일어나 학교에 가서 수업을 듣습니다.

모두 열심히 공부하는 것 같고, 잘 해내는 것 같은데 나만 성적이 오르지 않는 것 같아서 불안합니다. 그런데도 수업 시간에 졸고 있는 내 자신이 한심하기도 합니다. 공부를 안 했다고 한 친구가 기말고사에서 좋은 성적을 받은 것을 보면 배신감도 느껴집니다. 같이 놀고 있긴 하지만 자신을 무시하진 않을까 걱정이 되기도 하죠. 이런 생활을 의미 없이 반복하다가는 대학 진학도 실패하고, 진정한 친구도 남아 있지 않게 되는 것은 아닐까 울적한 마음이 꼬리에 꼬리를 뭅니다. 만족스럽지 않은 하루하루를 보내며 느끼는 공허함, 정서적 허기로 힘들 때 스마트폰 화면을 몇 번만 클릭하면 나오는 먹방을 시청하다 보면, 잠깐이나마 우울했던 마음이 달래집니다. 우리 뇌가 행복하다는 착각을 하며 정서적 허기를 잊게 되니까요.

잠시나마 우리의 마음을 위로해 주는 먹방. 스트레스를 다스리는 방법으로 과연 아무런 문제가 없을까요?

건강을 위협하는 먹방

먹방을 보다 보면 자신도 모르게 군침이 고이는 것을 느낀 적이 있을 겁니다. 식욕을 이기지 못하고 결국 먹방에 나오는 음식을 먹었던 경험도 있을 거예요. 음식을 먹는 것 자체는 아무 문제가 없

습니다. 음식을 먹는 것은 생존에 필요하며 행복감이라는 정서적 욕구를 충족시키는 행위니까요. 나에게 특별히 행복감을 더해 주는 음식을 가리키는 '컴포트 푸드(comfort food)'라는 용어가 있을 정도로 음식은 생존 도구 이상의 의미를 지닙니다.

그러나 먹방을 시청할 때마다 영상에 나온 음식을 섭취하면 정서적 허기는 해소할 수 있을지 몰라도 건강은 점점 더 안 좋아질 수 있습니다. 멋지고 날씬하기까지 한 먹방 유튜버가 행복한 표정으로 엄청난 양의 음식을 쉬지도 않고 맛있게 먹는 모습을 떠올려 보세요. 이들이 건강한 채소나 음식을 먹는 일은 드뭅니다. 고열량이 음식, 각종 배달 음식, 패스트푸드, 각양각색의 화려한 디저트 등을 한가득 펼쳐 놓고 먹어 치우죠. 우리는 그런 먹방을 보며 음식을 먹고요. 저렇게 많은 음식을 먹으면 우리도 행복해질 것 같습니다. 먹방 속 사람들의 모습이 행복해 보이니까요. 고열량의 음식을 마구 먹어도 살이 찌지 않을 것 같다는 생각도 듭니다. 나보다 더 많이 먹는 저 사람들도 날씬하니까요.

나는 지금 음식을 먹지만 눈으로는 먹방 유튜버가 먹는 모습을 보고 있습니다. 그 말은 지금 내가 먹고 있는 음식과 먹는 행위 자체에 집중하지 못한다는 뜻입니다. 음식에 집중하지 않으면 빠른 속도로 음식을 먹게 되고, 음식을 빠르게 먹으면 뇌에서 포만감을 느낄 틈이 없기 때문에 많이 먹을 수밖에 없습니다. 먹방을 보면서 음식을 먹으면 과식이나 폭식의 가능성이 높아지는 거예요.

먹방 유튜버들이 먹는 음식은 화려한 모양과 자극적인 맛 그리고 높은 열량을 자랑하는 정크푸드인 경우가 많은데, 먹방을 보다 보면 그 음식을 따라 먹는 경우가 많습니다. 먹방을 보며 음식을 먹는 일이 잦아지면 영양은 낮고 열량만 높은 음식을 많이 섭취하게 되어 영양 결핍, 비만 등의 건강 문제가 생길 수 있어요. 재미로 보는 먹방을 너무 심각하게 생각하는 것 같다고요?

질병관리청이 전국 6만여 명의 중·고등학생을 대상으로 진행한 청소년 건강행태조사 결과(2022년)를 보면, 먹방이나 쿡방(요리한 뒤 먹는 방송)이 청소년의 식생활에 유의미한 영향을 주는 것으로 나타났습니다. 다음의 그래프를 보면, 먹방을 보는 청소년들은 그렇지 않은 청소년들에 비해 아침을 거르고 야식을 먹는 비율이 높으며, 과일·채소·우유 등은 적게 먹고 패스트푸드나 단맛 음료

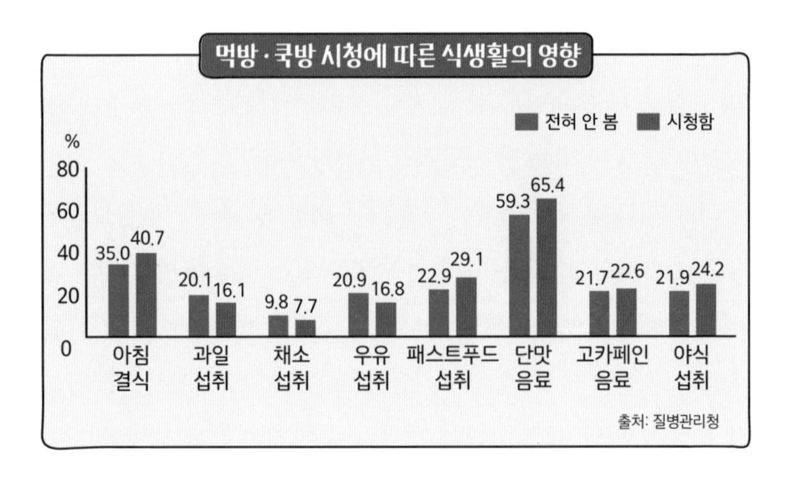

는 더 많이 먹는 것을 확인할 수 있어요.

한창 자라야 하는 성장기의 청소년들이 이러한 식생활을 지속하게 된다면, 불균형한 영양 섭취로 인해 성장뿐 아니라 건강에도 문제가 생길 수 있습니다.

건강하고 자연스러운 식사

'나의 정서적 허기를 해소하기 위해 먹방을 보며 밥을 먹어야겠어'라고 생각하며 먹방을 본 사람은 없을 거예요. 의식하지는 않았지만 나도 모르는 사이에 위로와 행복감을 느꼈기에 먹방을 봤을 겁니다.

여러분 마음의 허기를 채워 주지도 않으면서, 소소한 행복을 추구하려고 해 왔던 행동마저 그만하라고 말하긴 미안하지만, 적어도 이 책을 읽은 여러분들은 조금 변화되었으면 좋겠습니다. 30분 정도라도 친구들이나 가족들과 시간을 맞춰서 같이 이야기를 나누면서 식사를 하면 좋겠어요. 만일 혼자 밥을 먹어야 한다면 식사 시간만큼은 온전히 나 자신에게 집중하는 시간이라고 생각하며 내 몸을 건강한 음식으로 채우겠다는 마음으로 천천히 맛에 집중하는 것은 어떨까요? 이런 작은 변화들을 만들어 간다면 여러분은 지금보다 자신을 훨씬 더 소중히 여길 수 있을 거예요.

한 걸음 더

'청소년의 먹방 시청에 제한을 둘 것인가, 자율적 선택에 맡길 것인가?'에 대한 자신의 견해를 글로 써 보세요.

(단, 〈먹는 것만 봐도 행복해진다고?〉의 내용과 아래 자료에 대한 분석이 포함되어야 합니다.)

학급별 비만율(2014~2021년)

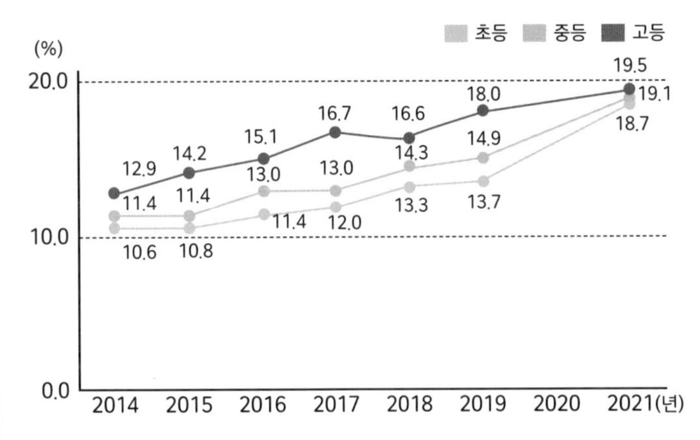

출처 교육부, 「학생건강검사 표본통계」 보도자료

주 ❶ 체질량지수(BMI) = 체중(kg)/[신장(m)]^2

❷ 2014년부터 2017년까지는 2017소아청소년 성장도표기준으로 재분석

❸ 코로나19 대유행으로 인하여 2020년 건강검사 미실시

빨리빨리, 음식도 속도가 생명이라고?

속도에 중독된 현대 사회와 우리 몸

저녁 식사를 하려고 냉장고를 열었습니다. 제가 제일 좋아하는 음식인 갈비찜, 어제 새로 만들어 놓은 반찬, 맛있게 익은 김치가 보이네요. 조금 귀찮긴 하지만 갈비찜을 데우고, 반찬을 꺼낸 뒤, 밥통에서 밥만 꺼내 놓으면 꽤 그럴듯한 식사가 될 것 같아서 군침이 돕니다. 그런데, 그 순간! 냉장고 옆에 있는 도넛 상자를 발견했습니다. 어제 선물로 받아서 먹고 남은 도넛들이 들어 있었죠.

초콜릿이 영롱하게 코팅된 도넛을 집어 입에 넣습니다. 달콤한 맛이 입안에 감돕니다. 한참 씹어야 하는 갈비와 달리 부드러운 도넛은 몇 번 씹지 않아도 금세 입안에서 사라지네요. 아쉬운 마음에 '하나만 더 먹을까?' 하는 생각으로 집어 먹다 보니 어느새 5개를 먹어 치우고 말았습니다. 아, 오늘 저녁은 이걸로 해결해 버렸네요. 저는 분명 갈비찜을 먹고 싶었는데 말이죠.

여러분도 이런 경험이 있나요? 자신이 더 좋아하고, 건강에도 더 좋은 음식을 선택하는 대신 쉽고 빠르게 먹을 수 있는 음식을 선택한 경험이요. 우리는 생각보다 자주 이런 이상한 선택을 하는데요, 이 선택에는 분명한 이유가 있습니다.

먹을 것이 넘쳐나는 지금과 달리 원시 시대를 살았던 사람들은 눈앞의 음식을 빨리 먹어 치워야 했습니다. 그러지 않으면 경쟁자에게 그 음식을 빼앗겼거든요. 그래서 먼 옛날의 인류는 에너지원이 될 수 있는 식량을 찾으면 빠르게 먹어 치우는 식습관을 가졌을 겁니다. 이렇게 생존을 위해 우리의 뇌는 최대한 빠른 속도로, 최대한 높은 열량의 에너지를 몸에 채우는 방향으로 진화했습니다. 이는 현재 우리의 식습관에도 남아 있죠.

빨리 먹을 수 있는 음식을 선택하는 이유는 무엇일까?

현대 사회는 너무나 바쁩니다. 새벽부터 일어나서 등교하고 밤늦게 달을 보며 집에 돌아올 때까지 쉴 틈 없는 하루가 이어집니다. 집에 와도 쉬지 못할 때가 많아요. 무한 경쟁 사회에서 남보다 공부를 더 많이 하고 노력해야 생존할 수 있기에 시간을 허투루 쓸 수 없거든요. 생존을 위해 밥은 먹어야 하지만 음식을 만드는 데 오랜 시간을 투자하기는 힘듭니다. 음식이 만들어지기까지의 시간을 기다리거나, 긴 시간 요리할 여유가 없습니다. 포장을 뜯어 바로 먹거나, 짧은 시간 동안 조리한 뒤 빠르게 먹을 수 있는 음식을 찾게 되죠. 문명이 발달했다고 하지만 이런 면은 현대인과 원시 인류가 매우 닮은 것 같네요.

18세기에 벤자민 프랭클린이 '시간은 돈이다'라고 말한 뒤 무려 300년 이상이 지난 지금, '시간'은 '돈' 이상의 가치를 지닌 존재가 되었습니다. '시간'이 중요해짐에 따라 조리 시간을 단축할 수 있는 밀키트, 가공식품, 가정간편식 등의 판매량 증가는 당연해졌고요. 이런 식품들은 전자레인지에 데우거나 간단히 조리하면 금세 먹을 수 있으니까 음식점을 찾아가거나 음식을 만들어서 먹는 데 드는 시간을 절약할 수 있죠. 그 덕에 아낀 시간을 다른 데 쓸 수 있고, 재료를 낭비해서 버리는 일도 없으니 여러모로 경제적입니다.

혹시 주말에 부모님과 한 시간 이상 이야기를 나누면서 재료를 다듬고, 식사를 준비한 기억이 있나요? 아마 거의 없을 거예요. 우리는 바쁘지 않은 주말, 시간적 여유가 있는 날에도 오랜 시간 요리를 하기보다는 밀키트나 가공식품, 가정간편식을 선택할 때가 많거든요. 다음의 그래프를 보면, 집에서도 간편식으로 식사를 해결하는 가정이 계속 늘고 있는 것을 확인할 수 있죠. 짧은 시간을 투자해서 식사를 할 수 있는 편리함에 이미 많은 사람들이 익숙해진 겁니다.

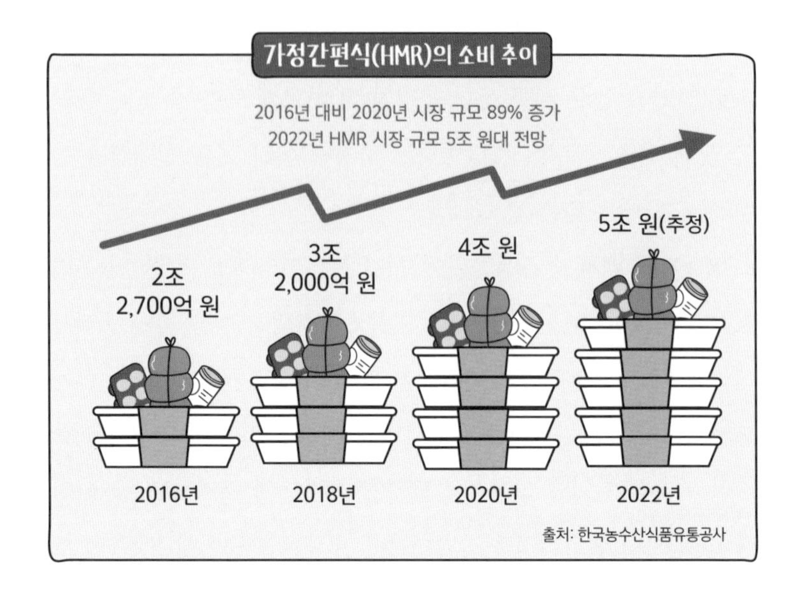

뇌를 빠르게 만족시킬 음식을 찾는 이유는 무엇일까?

우리 뇌는 최대한 높은 열량의 에너지를 채우는 방향으로도 진화했습니다. 그래야 생존에 유리했거든요. 그래서 우리는 음식을 선택할 때 무의식적으로 고열량 음식을 선택합니다. 생각해 보세요. 비슷한 음식이 있을 때, 고열량 음식 쪽으로 손이 먼저 간 적이 더 많지 않나요?

잠깐 책을 내려놓고 나를 행복하게 하는 음식 세 가지만 떠올려 보세요. 그리고 그 세 가지를 써 보세요.

❶ ....

❷ ....

❸ ....

여러분이 떠올린 건 어떤 음식들인가요? 간이 심심하고, 자연식에 가까운 음식인가요, 아니면 달고 짜거나 기름진 음식인가요? 아마 달고 짜고 기름지면서 자극적인 음식이 대부분일 거예요. 음식을 먹으면 엔도르핀, 도파민, 세로토닌 등 사람을 행복하게 하는 여러 호르몬이 분비되는데, 특히 달고 짜고 기름진 음식일수록 뇌를 더 빨리 자극해서 더 큰 만족감을 느끼게 한다고 합니다. 설탕의 단맛은 뇌를 활성화하는 데 고작 0.6초 정도밖에 걸리지 않을 정도라고 하니 정말 엄청난 속도죠?

이렇게 우리 뇌를 빠르게 자극하는 음식들 대부분이 고열량 음식입니다. 우리들이 즐겨 먹는 부대찌개, 떡볶이, 빵, 피자, 볶음밥 등이 여기에 해당하지요.

직접 사냥하고 먹을 것을 찾아야 했던 원시 인류와 달리 현대인들은 쉽게 음식을 구할 수 있고 세 끼 식사를 안정적으로 할 수 있습니다. 그렇기 때문에 굳이 고열량의 음식을 찾으려고 애쓰지 않아도 됩니다. 그런데 문제는, 인류의 진화 과정에서 학습된 '고열량의 음식을 추구하는 경향성'이 현대인의 뇌에도 깊이 각인되어 있다는 것입니다.

원시 인류로부터 이어진 이 본능은 현대 사회가 지닌 특징들로 인해 계속 이어질 것 같습니다. 경쟁이 치열한 현대 사회 속을 살아가는 우리는 학업, 시험, 대입, 취업, 승진, 결혼, 육아, 노후 대비 등 인생의 전 과정에서 매 순간 크고 작은 스트레스를 경험할 수밖에 없어요. 또한 현대 사회에서 자신이 원하는 성과를 얻으려면 다른 이들보다 많은 시간을 투입해서 노력해야 합니다. 하지만 아무리 많은 시간을 투입하려 해도 시간은 한정되어 있죠. 그렇기 때문에 더 빨리 해내야 하고, 깨어서 일하는 시간을 늘려야 합니다. 어쩔 수 없이 수면 시간을 줄여야 하는 것이죠.

이렇게 스트레스와 수면 부족은 현대 사회에서 생존하기 위해 어쩔 수 없이 감수해야 하는 것이 되어 버렸습니다. 그런데 스트레스가 높아지고 수면이 부족해지면 '뇌'는 우리 몸에 심각한 위협이 닥쳤다고 인식하여, 이에 대응하기 위한 호르몬인 '코르티솔(cortisol)'을 분비하게 됩니다. 코르티솔은 우리 몸에 닥친 문제 상황에 신속하고 정확하게 대응하기 위한 최적의 몸 상태를 만들기 위해, 뇌에 공급될 에너지원인 포도당을 높이도록 작용합니다. 포도당을 높이는 가장 쉬운 방법은 음식을 섭취하는 것이죠. 코르티솔은 포도당을 높이기 위해 식욕을 억제하는 호르몬의 기능을 떨어뜨립니다. 식욕 억제의 단추를 풀어 버림으로써 이미 음식을 먹

었더라도 또 먹고 싶게 만들어 포도당이 몸속에 많이 공급되게 하는 거예요. 그런데 포도당이 들어 있는 음식들은 설탕이나 밀가루 등의 탄수화물이 많은 음식들이 대부분입니다.

'탄수화물 중독' '스트레스성 폭식'이라는 말을 들어 본 적 있을 거예요. 시험 기간, 잠을 아껴 공부할 때 이미 배가 부른데도 불구하고 자꾸 뭔가를 더 먹고 싶어서 달고 짜고 기름진 음식이나 간식을 찾아 먹었던 경험이 있지 않나요? 혹은 식사를 하고 나서도 빵이나 과자 같은 탄수화물 음식을 먹었던 경험은요? 이게 바로 여러분이 받은 스트레스라는 위협에 뇌가 열심히 대응한 결과입니다. 좋은 점수를 받아야 한다는 스트레스와 시험 공부로 인한 수면 부족의 상황이 여러분을 냉장고나 편의점 앞으로 이끕니다. 그 이끌림에 음식을 먹고 나면 행복한 만족감이 들어 스트레스도 잠시 잊게 되니 시험 기간의 폭식은 특별히 허용하겠다는 관대함을 자신에게 베풀게 되죠. 하지만 삶에서 맞이하게 될 모든 스트레스를 이렇게 대응한다면 과식과 폭식으로 인해 건강에 문제가 생길 수밖에 없을 겁니다.

빨리빨리 먹는 사이 놓쳐 버린 것들

우리는 음식을 통해 건강에 필요한 영양소를 고르게 섭취해야 합니다. 그런데 빠른 속도를 자랑하는 밀키트, 가공식품, 가정간편식 등엔 영양소가 고르게 담겨 있지 않습니다. 소비자가 단맛, 짠맛, 기름진 음식을 좋아한다는 것을 잘 알고 있는 식품업계가 영양의 균형보다는 소비자를 최대한 만족시킬 수 있는 식품을 생산하기 때문이죠. 그러다 보니 이런 식품 대부분이 내 몸에 즉각적인 만족감을 줄 수 있는 탄수화물 위주의 식품, 염분이나 트랜스지방이 과도하게 들어간 식품 등 영양은 부족하고 열량이 높은 식품들입니다.

특히, 청소년이 자주 먹는 라면은 나트륨 함량이 기준치 이상이고, 건강한 한 끼가 될 것이라 생각하는 냉동밥도 영양소는 기준치 미달인데 나트륨 함량은 기준치를 넘는다는 문제가 꾸준히 지적되고 있습니다. 나트륨 섭취량이 지나치게 많으면 고혈압, 뇌졸

중, 신장질환, 비만 등의 문제를 초래할 수 있습니다. 가공식품의 경우 건강한 식재료를 사용하더라도 먹기 좋게 가공해야 하기에 영양소가 손실되는 경우가 많고 보존 기간을 늘리기 위해 첨가물을 많이 넣기 때문에 건강한 식사라고 보기 어렵고요.

속도에 중독된 식사를 통해 잃는 것은 건강만이 아닙니다. 음식을 먹는 것은 음식을 준비하는 과정, 함께 식사하는 사람, 식사의 분위기 등이 모두 포함되어 이루어지는 종합적인 행위입니다. 대화를 나누면서 천천히 음식을 먹을 때 얻는 정서적인 안정은 그것만으로도 스트레스를 낮추는 효과를 줄 거예요. 그러면 현대 사회 속에서 받는 스트레스로 인한 과식이나 폭식을 막아 주는 선순환도 이뤄질 수 있을 겁니다.

빠른 속도가 중요한 현대 사회를 살아가는 우리지만, 음식에서만큼은 속도보다 더 중요한 것이 무엇인지 고민하는 태도가 필요합니다. 내 몸의 주인으로서 내 몸에 대한 책임을 진다는 태도로 오늘의 식단을 고민해 보면 어떨까요?

한 걸음 더

♠ 〈'매운맛'을 즐겨 먹는 게 맛있어서가 아니라고?〉 〈먹는 것만 봐도 행복해진다고?〉 〈빨리빨리, 음식도 속도가 생명이라고?〉 이 세 편의 글을 흥미롭게 읽었나요? 서로 다른 글 같지만, 비슷한 부분들도 있어요. 아래의 활동을 통해 이 세 편의 글에 대한 생각의 깊이를 더해 봐요. 쓰다가 막히는 부분이 있으면, 글을 다시 꼼꼼하게 읽어 보아요. 글쓰기의 단서가 글 속에 숨어 있답니다.

❶ 나의 이번 주 식습관을 돌아보고, 세 편의 글에 해당하는 사례가 있었는지 생각해 봐요. 만약에 그런 사례가 있었다면 내가 왜 그런 식사를 했는지에 대해 본문의 내용을 바탕으로 분석하는 글을 써 보아요.

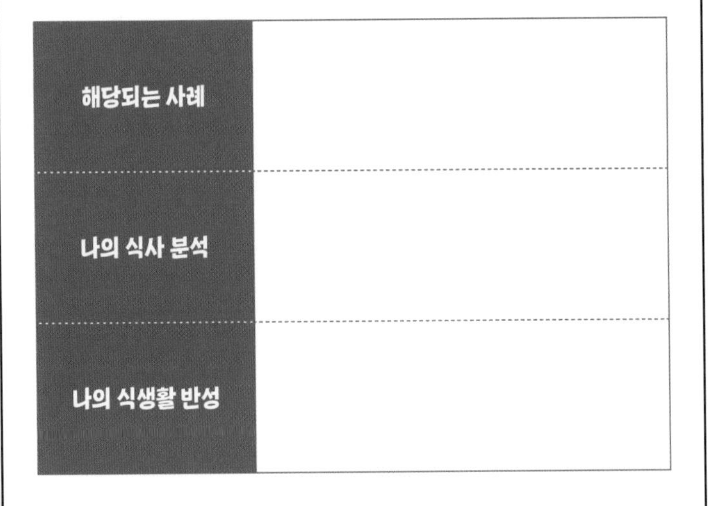

해당되는 사례	
나의 식사 분석	
나의 식생활 반성	

두 걸음 더

❷ 세 편의 글에서 지적하는 식습관으로 계속 식사를 한다면 우리는 건강을 해치게 될 거예요. 이 점을 알고 있음에도 불구하고, 고치기 어려운 이유를 생각해 보고, 글로 써 보아요. 글을 쓸 때는 현대 사회를 살아가는 나의 모습과 내 몸속 호르몬의 상호 작용을 분석해서 적어 보아요.

식습관을 고치기 어려운 이유	
현대 사회를 살아가는 나의 모습과 내 몸속 호르몬의 상호 작용	
식습관을 고치려면 어떻게 해야 할까?	

고카페인 음료를 먹으면 공부가 잘될까?

카페인 중독과 학습 중심 사회

"친구가 커피 마시는 것을 보고 공부할 때 잠을 쫓으려고 중학교 3학년 때부터 마시기 시작했다. 이제 카페라테를 매일 한 잔꼴로 마신다. 커피를 멈출 수가 없다." - 고등학교 2학년 김모(18) 군

"시험 기간이 되면 편의점에 간다. 고카페인 음료를 마시면 졸음에서 벗어날 수 있어 매일 1~2캔씩 마신다." - 중학교 3학년 이모(16) 양

"시험 기간엔 늘 커피를 마신다. 고카페인 음료보다 카페인이 적을 것 같아서다. 아메리카노를 주로 마신다." - 중학교 2학년 박모(15) 군

"평소에도 고카페인 음료를 하루에 2~3캔씩 마신다. 처음에는 시험 기간에만 마셨지만 이제는 평소에도 마시지 않으면 마음이 불안하다." - 중학교 3학년 권모(16)군

많은 중고등학생이 학업 때문에 스트레스를 받는다고 합니다. 시험 기간이면 학업 스트레스는 최고조에 이르지요. 이번 시험 점수에 인생이 걸려 있다는 무시무시한 압박은 많은 학생을 바짝 긴장하게 합니다. 성적을 잘 받기 위해 늦은 시간까지 공부하지요. 중학생들의 평균 취침 시간은 밤 12시~새벽 1시 정도이고 시험 기간에는 이보다 더 늦는 경우도 있습니다. 대한민국 중학생의 평균 수면 시간은 미국 국립수면재단에서 10~17세 청소년에게 권고하는 수면 시간인 8.5~9.25시간보다 2시간 정도 부족합니다. 공부를 하기 위해 늦은 시간까지 깨어 있으려면 졸음을 쫓을 무언가가 필요하겠죠. 이때 도움을 주는 것이 카페인입니다.

고카페인 음료는 1ml당 카페인이 0.15mg 이상 들어 있는 제품

을 말합니다. 식품의약품안전처의 발표에 따르면 100ml당 15mg 이상의 카페인이 담긴 음료를 주 3회 이상 섭취하는 청소년이 2015년 3.3%에서 2017년 8.0%, 2019년 12.2%로 큰 폭으로 증가했다고 합니다. 고카페인 음료를 섭취하는 청소년 중 30%가 하루 3병 이상 섭취한 경험이 있다고도 밝혔습니다. 2022년 청소년 건강행태 조사에 따르면 주 3회 이상 고카페인 음료를 섭취하는 비율은 22.3%인데, 고등학생(28.4%)이 중학생(16.6%)에 비해 높았습니다. 중학생보다 고등학생의 학업 부담이 더 큰 것을 생각하면 고등학생의 고카페인 음료 섭취가 높은 것도 이해가 됩니다.

해가 갈수록 학업을 강조하는 분위기는 더 강해지고 있습니다. 사교육을 접하는 연령도 점점 낮아지고 학업량도 늘어나고 있고요. 고카페인 음료가 국내에 유통된 이후, 매년 국내 판매량이 30% 이상 급속도로 성장하고 있다고 해요. 과연 이 두 가지의 일이 별개의 문제일까요?

카페인 이야기

카페인 자체가 나쁜 물질은 아닙니다. 카페인이 인체에 들어오면 도파민을 분비해 행복한 기분을 느끼게 하고, 정신을 맑게 하고 몸에 쌓인 피로를 풀어 주며, 중추신경을 자극해 일시적이지만 운동 수행 능력이나 암기력을 높이기도 합니다. 체내 노폐물을 제거하는 이뇨 작용도 하고요. 이렇게 긍정적인 효과가 큰 카페인 섭취를 왜 걱정해야 할까요?

카페인에는 생각보다 많은 부작용이 있기 때문입니다. 카페인을 너무 많이 섭취하면 불안, 메스꺼움, 구토, 수면 장애, 배 아픔, 설사 등이 일어날 수 있고 카페인에 중독되면 신경과민, 근육 경련, 불면증 및 가슴 두근거림, 칼슘 불균형 등이 생길 수 있습니다. 이런 중독 증상이 계속되면 일상생활이 힘들어지겠지요? 생각해 보세요. 카페인 음료를 마시지 않으면 전혀 집중이 되지 않아 아무리 공부해도 그 내용을 기억하지 못할 수도 있는 거예요.

카페인 중독이 심할 경우 목숨까지 잃을 수 있습니다. 2017년 사우스캐롤라이나 주 리치랜드 카운티의 데이비스 앨린 크라이

프(16세)는 스프링 힐 고등학교 교실에서 수업 도중 갑자기 쓰러졌다가 심장 기능 이상으로 사망했습니다. 크라이프는 숨지기 전 약 2시간 동안 맥도날드 카페라테, 라지 사이즈의 다이어트 마운틴 듀, 에너지 드링크를 마셨다고 합니다. 크라이프의 사망 원인은 과도한 카페인 섭취로 인한 부정맥으로 밝혀졌습니다. 그는 평소 심장질환이 없는 건강한 학생이었습니다.

식품의약품안전처가 권고한 청소년(14~19세) 카페인 1일 최대 섭취량은 몸무게 1kg당 2.5mg 이하입니다. 한국영양학회 청소년 권고치는 남성 청소년(체중 63.8kg 기준) 160mg, 여성 청소년(체중 53kg 기준) 133mg으로 성인(400mg), 임산부(200mg) 권고치보다 적습니다. 미국 소아과학회 역시 12~18세 청소년들이 하루에 100mg 이상의 카페인을 섭취하지 말 것을 권고하고 있습니다. 고카페인 음료가 아니더라도 커피, 녹차, 콜라, 코코아, 초콜릿

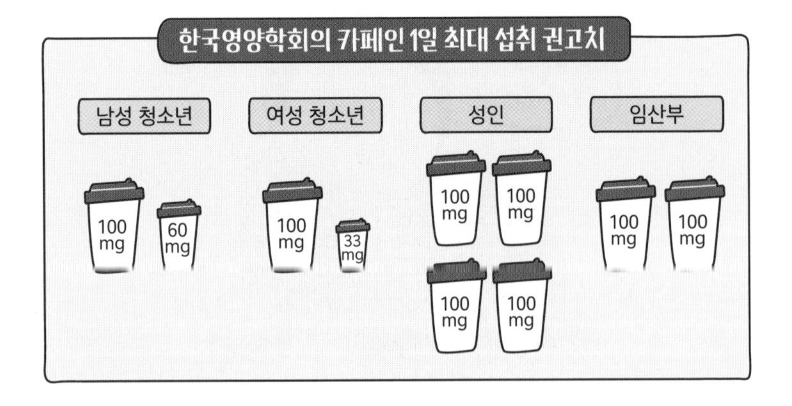

뿐 아니라 감기약, 두통약까지 주변에 카페인이 들어간 제품이 많아 조금만 방심하면 금세 일일 권고량을 넘길 수 있습니다. 15세 여성 청소년이 초콜릿 두 개(86mg)에 캔 커피 한 개(88.4mg)만 마셔도 하루 섭취 기준(133mg)을 넘기고, 여기에 고카페인 캔음료 2개(200mg)를 더 마시면 카페인 하루 권고치의 세 배 가까이 섭취하게 됩니다. 여러분들이 좋아하는 춘식이 우유는 카페인이 무려 237mg이나 들어 있어 하나만으로도 권고치의 두 배가 넘습니다.

카페인이 청소년에게 미치는 부정적 영향

왜 청소년의 카페인 권고치가 성인보다 더 낮을까요? 그건 청소년이 성인보다 카페인에 더 치명적이기 때문입니다. 성장기에 카페인이 몸속에 들어오면 칼슘과 철분 흡수를 방해해 성장 발육이 제대로 이루어지지 않고, 수면 장애를 일으켜 성장을 방해합니다. 또 카페인에 한번 학습된 뇌는 계속해서 카페인을 찾는데, 이것이 평생 식습관으로 이어질 수 있기에 많은 전문가들이 청소년의 카페인 섭취를 걱정하고 있습니다.

미국이나 유럽 등 외국에서는 오래전부터 10대 청소년의 카페인 음료 섭취의 유해성에 대한 연구를 활발하게 하고 있습니다. 미국 청소년을 대상으로 한 연구에서, 카페인을 과잉 섭취하는 청소년은 그렇지 않은 청소년에 비해 불면증이 1.9배, 아침에 일어날 때 피로감이 1.8배 많은 것으로 나타났습니다.

학교 분리수거장에 가면 꽤 많은 고카페인 음료 캔이 버려져 있습니다. 이 캔들을 볼 때마다 우리나라 청소년의 카페인 중독이 걱정됩니다. 2018년부터는 고카페인 함유 표시가 있는 음료뿐 아니라 커피도 학교 매점이나 자판기에서 판매하지 못하게 되었습니다. 그런데도 이렇게 많은 빈 음료 캔이 학교에 있다는 것은 여러

카페인 중독 체크리스트

최근까지 하루 카페인 섭취량이 250mg(커피 2-3잔) 이상이면서 12가지 항목 중 5가지 이상 해당된다면 카페인 중독을 의심해야 함.

- □ 안절부절 못 함
- □ 신경질적이거나 예민함
- □ 자주 흥분함
- □ 불면증이 있음
- □ 얼굴에 홍조가 있음
- □ 잦은 소변 혹은 소변량 과다
- □ 두서 없는 사고의 언어
- □ 근육 경련이 가끔 있음
- □ 주의가 산만함
- □ 지칠 줄 모름
- □ 맥박이 빨라지거나 불규칙함

출처: 미국정신학회

분이 등굣길에 일부러 사서 가져올 정도로 카페인에 의존하고 있다는 의미일 겁니다.

카페인을 섭취해야 버티는 사회

고백하자면 카페인 중독에 빠진 건 여러분만이 아닙니다. 어른들도 마찬가지랍니다. 많은 성인이 테이크아웃 잔에 커피를 들고 다니거나 카페를 찾습니다. 우리나라 성인 하루 카페인 섭취량의 85%가 커피라고 합니다. 국제 커피 기구(ICO)에 의하면 2017~2018년 우리나라 커피 소비량은 세계 5위였고 2018년 기준으로 성인 1인당 한국의 커피 소비량은 연간 평균 353잔인데, 이는 세계 연간 평균인 131잔보다 2.7배가량 높습니다.

도대체 우리 사회는 왜 이렇게 카페인에 중독된 걸까요? 저는 이것이 지나치게 바쁜 우리 사회 문화와 관련이 있다고 생각합니다. 회사 일을 하다 보면 늦게까지 일해야 하거나 고도의 집중력이 필요한 일이 많습니다. 하지만 꾸준히 일에 집중하기란 쉬운 것이 아니죠. 이때 카페인을 섭취하면 일의 효율이나 집중력이 훨씬 높아집니다. 많은 일을 빠르게 성취해야 하는 우리 사회에서 버텨내기 위해 카페인의 도움을 받지 않을 수 없는 거죠.

해가 갈수록 약물중독도 늘어나

이런 사회 분위기 때문일까요? 최근에는 마약을 비롯한 청소년들의 약물 사건도 많이 들립니다. 대검찰청은 19세 이하의 마약류 사범이 급증하는 원인이 스마트폰이 보편화하면서 SNS나 인터넷 등을 통해 구입하기 쉬워졌기 때문이라고 분석합니다. 마약 판매자들이 합법적이라고 속이거나 스트레스가 해소된다는 등의 말로 청소년들을 현혹해, 학업 스트레스에 시달리는 청소년들이 호기심을 이기지 못하고 어둠에 빠지는 경우가 늘고 있습니다.

카페인 중독도 증가하는 추세입니다. 다행히 고카페인 음료에 대한 문제점이 꾸준히 지적되어 2023년 4월부터 청소년의 고카페인 음료 과다 섭취 예방을 위해 중·고등학교 주변 695개 편의

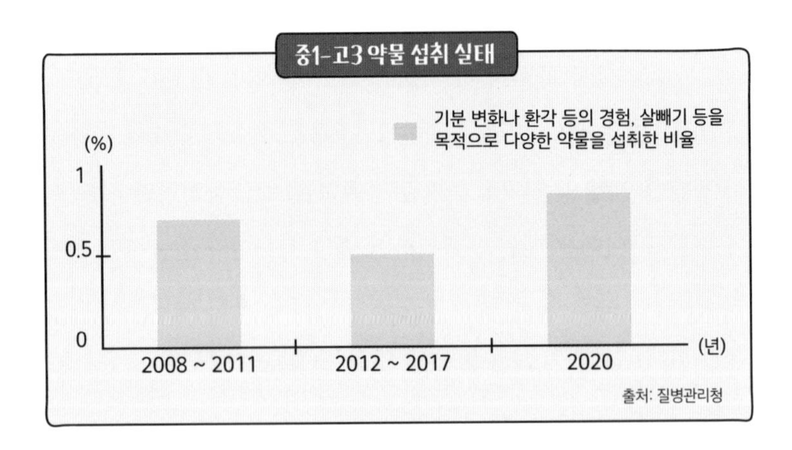

점 음료 진열대에 '카페인 과다 섭취 주의' 문구를 표시하는 시범 사업을 시작했습니다. 고카페인 음료 수요가 증가하는 시험 기간인 4~6월, 9~11월 총 6개월 동안 문구를 표시하고 수면 장애, 가슴 두근거림 등 카페인 과다 섭취로 발생할 수 있는 부작용을 안내하는 것이죠. 아무래도 이런 경고가 있으면 고카페인 음료를 먹으려다가 한 번 더 생각하겠죠?

약물중독, 잘 벗어나려면

카페인에 중독되면 계속 카페인을 찾게 되고, 카페인을 섭취하지 못하면 공허함을 느낄 수 있습니다. 카페인 중독에서 벗어나려면 카페인 섭취량을 '서서히' 줄여야 합니다. 갑자기 카페인을 끊으면 1~2일 사이에 금단현상이 심해질 수 있기 때문이지요. 다행히 카페인 중독은 다른 약물중독에 비해 의존성이 낮기 때문에 상대적으로 중독 상태를 쉽게 벗어날 수 있습니다. 어떻게 하면 되냐고요? 시험 공부를 할 때 에너지 음료나 커피 같은 카페인 음료를 줄이고 그것을 대체할 만한 다른 음료를 찾아보세요. 또 피곤하거나 졸리면 고카페인 음료를 마시기보다 스트레칭을 하거나 물을 마시는 방법을 추천합니다. 또 허가받은 약이 아니라면 처음부터 약물을 가까이하지 않는 것이 좋습니다.

이 책을 읽는 여러분들은 혹시라도 공부의 스트레스를 말끔히 풀어 준다거나 미친 듯이 집중력을 높여 준다는 약물이 있다고 하더라도 약물의 유혹에 빠지지 않았으면 좋겠습니다. 시험에서 좋은 성적을 받는 것도 중요하지만 그보다 여러분의 건강이 더 중요하니까요. 쉽지 않겠지만 지금, 카페인부터 서서히 줄여 보는 건 어떨까요?

개념 있는
생각 틔우기

한 걸음 더

♠ 앞서 여러분들이 읽었던 두 글, 〈'매운맛'을 즐겨 먹는 게 맛있어서가 아니라고?〉 〈고카페인 음료를 먹으면 공부가 잘될까?〉를 비교해 보고, 아래에 답해 보세요.

❶ 왜 매운맛 음식에는 주의 표시를 하는 것이 의무 조항이 아니고 고카페인 음료에 주의 표시를 하는 것은 의무 조항일까요? 규제의 차이가 생긴 이유가 무엇이라고 생각하나요?

❷ 고카페인 음료에만 주의 표시를 하는 것은 과연 정당하다고 생각하나요?

두 걸음 더

❸ 아래에서 제시한 두 가지 의견 중 하나를 골라, 자신의 생각을 정리하고, 친구와 토론해 보세요.

식품 관련 규제와 단속은
자유시장 경제의 질서를 위협하는 것이다.

VS

시민의 건강권을 위해서는
식품 관련 규제를 해야 한다.

환경호르몬을 배달해 먹는다고?

배달 음식의 편리함 속에 교란당하는 몸속 호르몬

"선생님, 오늘 도저히 수업을 못 듣겠어요." 평소엔 눈을 반짝이며 수업을 듣던 여학생이 이번 달에도 사색이 된 얼굴로 조퇴를 하기 위해 교무실을 찾아옵니다. 매달 찾아오는 불청객, 생리통 때문이죠. 진통제를 먹어도 별로 나아지지 않아서 온몸으로 고통을 견디며 보내야 하는 생리 기간에는 친구들과 즐기던 평범한 모든 일상이 중단됩니다. 자신의 의지와 상관없이 말이죠.

최근 극심한 생리통을 호소하는 여학생들이 늘고 있는데, 그 원인으로 지적되는 것은 뜻밖에도 '환경호르몬'입니다. 환경호르몬이 도대체 무엇이기에 여성이 평생을 살며 평균 500번 이상을 맞이해야 한다는 생리 기간을 힘겹게 만드는 것일까요? 그리고 '호르몬'이라는 이름이 붙은 이것이 과연 여성에게만 문제를 일으키는 것일까요?

배달 음식이 데려온 불청객, 환경호르몬

몸이 아파서, 색다른 것을 먹고 싶어서, 친구들과 기분을 내려고, 차려 먹기 귀찮아서 등 다양한 이유로 우리는 음식 배달 앱을 엽니다. 나보다 나를 더 잘 아는 것 같은 배달 앱은 우리 집 근처 맛집, 내가 자주 먹던 음식들을 추천합니다. 먹음직스러워 보이는 음식 중 가장 먹고 싶은 음식의 주문 버튼만 누르면 어느새 그 음식이 우리 집 앞에 도착해 있습니다.

그런데 그 음식을 먹을 때 우리가 주문한 적 없는 것도 함께 먹고 있었다는 사실, 알고 있나요? 우리도 모르게 배달 음식과 함께 먹었던 것, 바로 '환경호르몬'입니다.

부른 적도 없는데 찾아온 불청객, 환경호르몬. 도대체 환경호르

몬이 무엇이며 어떻게 배달 음식 속에 섞여 들어왔는지 우리 몸속에서 어떤 일을 벌이는지 알아야 이 불청객의 방문을 피할 수 있겠지요.

배달 음식 시장의 규모가 커지면서 배달·포장 용기 생산량도 급속히 증가했습니다. 음식이 쏟아지거나 섞이지 않고 먹음직스러운 모습을 유지한 채로 무사히 도착하기 위해서는 다양한 배달·포장 용기가 많이 필요하기 때문이죠. 그런데 이 용기들은 우리 몸에 부정적인 영향을 끼칠 수 있습니다. 거기엔 환경호르몬이 있기 때문이에요. 그렇다면 환경호르몬이 어떤 작용을 하기에 그런 걸까요?

가짜 호르몬, 환경호르몬

'호르몬'은 우리 몸의 여러 기능이 정상적으로 이루어지게 돕고 키를 자라게 하거나 남녀의 성적 특성을 드러내기 위해 체내에서 분비되는 물질입니다. 이 호르몬이 적절히 분비되어야 신체의 균형이 유지되는데, 호르몬이 과도하게 분비되면 몸에 이상이 생깁니다. 환경호르몬은 호르몬인 척하고 들어와서 우리 몸의 균형을 깨뜨리는 가짜 호르몬이기 때문에 문제가 되는 것입니다.

환경호르몬의 정식 명칭은 '내분비교란물질'로, '호르몬'이라고 부르긴 하지만 진짜 호르몬은 아닙니다. 산업 활동으로 만들어진 화학 물질이지요. 이 물질이 체내에 들어오면 호르몬처럼 작용해서 호르몬 분비를 교란합니다. 그래서 내분비교란물질이라는 이름이 붙은 것이죠.

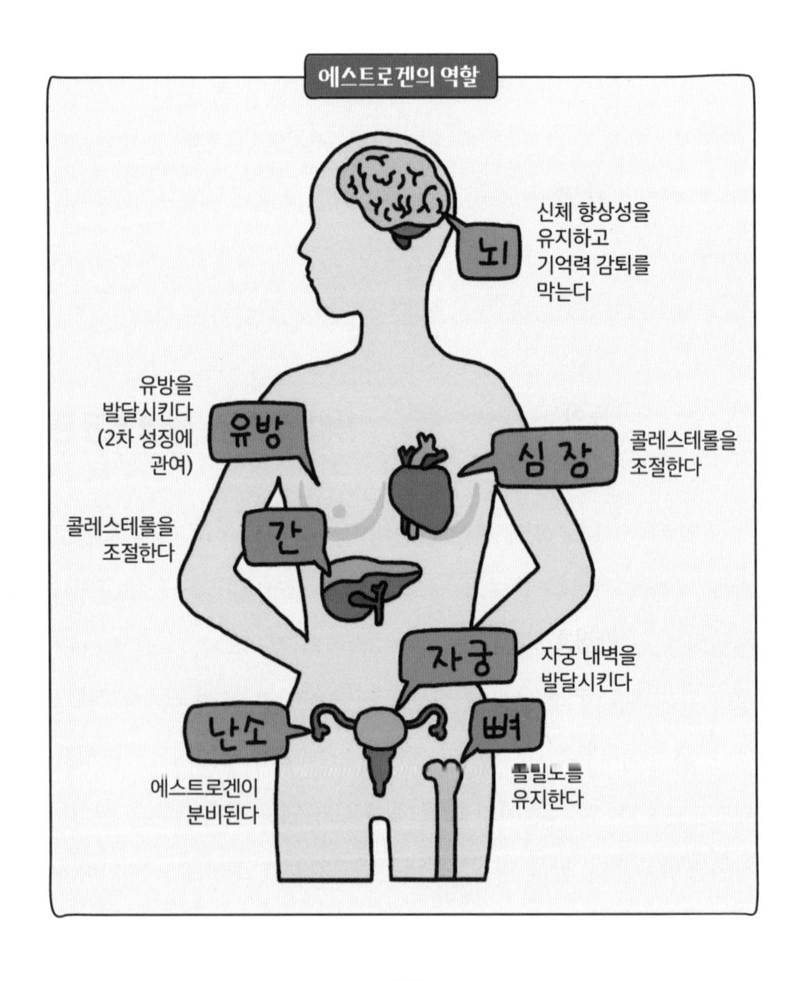

내분비교란물질인 환경호르몬이 우리 몸속에서 호르몬인 척할 수 있는 이유는 환경호르몬의 화학적 구조가 여성호르몬인 '에스트로겐'과 유사하기 때문입니다. 환경호르몬을 여성호르몬으로 인식한 우리 몸을 자기 멋대로 교란하며 다양한 문제를 만드는 거죠. 그런데 우리 몸 밖에 존재하던 환경호르몬이 도대체 어떤 경로로 우리 몸속에 들어온 걸까요?

환경호르몬이 우리 몸에 배달되어 오는 과정

한 번 사용하고 버리기 위해 생산하는 포장 용기는 저렴하며 가볍고 모양을 만들기 쉬운 물질로 제작합니다. 우리가 플라스틱이라고 하는 것들이죠. 음식을 포장하는 비닐·랩도 플라스틱으로 만들고요. 플라스틱의 원료 중에 환경호르몬 물질이 많은데 이 물질들은 기름이나 뜨거운 것에 닿으면 쉽게 빠져나옵니다. 생각해 보세요. 배달 음식은 대부분 기름지고 뜨겁지 않나요? 플라스틱 용기에 있던 환경호르몬은 음식에 쉽게 녹아 들고 우리는 음식과 함께 그걸 먹는 거죠.

배달 음식을 먹을 때 얼마나 환경호르몬에 많이 노출되는지 우리가 자주 배달시켜 먹는 음식을 통해 알아볼까요? 다음 사진 자료는 배달 음식과 함께 먹었을 가능성이 있는 환경호르몬과 그 환

배달 음식 속 환경호르몬

폴리프로필렌 PP

배달용기로 가장 흔히 씀.
내열성이 높아
비교적 안전하지만
일회용기의 경우
전자레인지 사용 표시가
있는지 꼭 확인할 것.

비스페놀 A(BPA)

음료 캔, 통조림 코팅제

에스트로겐 수용체와 결합,
생식기관에 영향, 발암물질

테이크 아웃
음료 뚜껑에도
폴리스틸렌 PS가 쓰인다.

폴리스틸렌 PS

내열성이 약해 60℃에서도
독성물질 스틸렌이 나옴.
스틸렌은 인체발암가능물질로,
성조숙증·내분비교란을
일으키는 물질.

튀김용 스티로폼 접시는
발포 폴리스틸렌 PS가 쓰인다.

폴리염화비닐 PVC

업소용 랩에 많이 쓰이는
폴리염화비닐 PVC는
대표적인 환경호르몬인
프탈레이트 노출 위험이 큼.

햄버거, 도넛 등을
싼 종이나
치킨 박스 등에
쓰인다.

폴리에틸렌 PE

종이가 젖지 않게 코팅됨.
기름기 많거나
110℃를 초과하는 음식에
사용하는 경우
환경호르몬 검출 가능성 있음.

경호르몬의 특징을 보여 줍니다.

이 자료를 보니 갑자기 입맛이 달아나지 않나요? 상당수의 배달 음식은 환경호르몬의 위험에 노출되어 있습니다.

최근 환경호르몬에 대한 문제의식이 커지면서 내열성(고온을 견뎌 내는 성질)이 높고 비교적 안전한 포장 용기를 사용하는 곳이 늘고 있긴 합니다. 하지만 이것도 완전히 안전한 것은 아닙니다. 내열성이 높다고는 하지만 평균 140~180℃ 정도의 온도에서 튀겨져 바로 배달 용기에 담기는 튀김류의 고온까지 견디지는 못하거든요. 게다가 여전히 기름에는 약해 환경호르몬의 위험을 완전히 없앨 수는 없습니다. 안타깝지만 배달 음식을 먹는 한 환경호르몬을 완벽하게 피하기는 쉽지 않은 거죠. 만약 계속해서 배달 음식을 즐겨 먹는다면 우리 몸에는 어떤 변화가 일어날까요?

환경호르몬이 우리 몸에 저지르는 일들

최근 난임(임신이 어려움)으로 진료받는 여성들이 꾸준히 늘고 있으며, 남성의 난임 치료도 증가 중입니다. 난임을 유발하는 요인 중 하나로 배달 음식과 함께 먹은 환경호르몬을 꼽을 수 있습니다. 우리 몸속에 여성호르몬인 '척'하는 환경호르몬이 많아지면 호르몬의 균형이 깨져 고유 성별의 특성을 유지하는 기능이나 생식과 관련한 기능에 문제가 생깁니다.

무슨 말이냐고요? 남성의 몸속에 여성호르몬 역할을 하는 호르몬 농도가 높아지면 호르몬 불균형으로 정자 수 감소, 기형정자 증가, 고환암 등의 문제가 발생합니다. 환경호르몬 증가와 난임 증가 사이에 밀접한 영향이 있다고 볼 수 있는 거죠. 아직 결혼이 먼 여러분에게 '난임'은 심각하게 느껴지지 않나요? 그렇다면 이건 어떤가요? 최근 남성 유방비대증 비율이 증가하고 있고 특히 배달 음식을 즐겨 먹는 10~20대에서 가장 높은 비율을 보인다는 연구 결과가 있습니다. 남성의 가슴이 여성처럼 봉긋한 형태로 발달하는 이 증상의 첫 번째 원인으로 꼽는 것이 바로 환경호르몬 증가입니다.

그렇다면 여성의 몸에서 환경호르몬은 어떤 교란을 할까요? 여성호르몬인 에스트로겐은 수정란의 착상이 잘되도록 자궁 내벽을 두껍게 만드는 역할을 합니다. 수정이 이루어지지 않으면 필요 없어진 자궁 내벽은 몸 밖으로 배출됩니다. 이것을 월경 또는 생리라고 합니다. 자궁 내벽을 몸 밖으로 내보내기 위해 자궁이 수축과 이완을 반복할 때 생기는 통증이 생리통이고요. 그러니 적당한 생리통은 자연스러운 현상이죠.

하지만 여기에 환경호르몬이 끼어들면 얘기가 달라집니다. 환경호르몬 농도가 높아지면 우리 몸은 에스트로겐 농도가 높아진 것으로 인식합니다. 우리 몸은 환경호르몬을 에스트로겐으로 착각하니까요. 그래서 자궁 내벽 세포를 불필요하게 더 만듭니다. 그리고 수정되지 않으면 이를 배출하기 위해 더 강한 수축과 이완을 합니다. 강한 수축과 이완으로 생리통이 더욱 심해지겠지요? 이렇게 아팠으면 자궁 내벽이라도 잘 배출되어야 하는데, 안타깝게 그렇지 못합니다. 배출되지 못한 자궁 내벽 조직이 몸에 남아 자궁 내막증을 일으켜 더 심한 생리통과 난임을 유발하는 경우가 많습니다. 만약 이번 달에 극심한 생리통으로 조퇴증을 받으러 교무실을 찾아갔다면 그동안 배달음식을 통해 환경호르몬을 많이 섭취하고 있지 않았는지, 자신의 식습관을 다시 한번 돌아봐야 할 거예요.

환경호르몬이라는 불청객의 방문을 막으려면

그동안 우리는 손가락 몇 번만 움직여 편리하게 배달 음식을 주문해 먹으며 즐거운 시간을 보냈습니다. 하지만 몸속 호르몬들은 우리의 기분과 반대로 불청객의 침입에 혼란스러운 시간을 보냈을 겁니다. 다시 한번 생각해 볼까요? 우리가 정말 배달 음식의 유해성을 전혀 모르고 배달 음식을 먹었는지 말이에요.

'어쩔 수 없다'는 핑계로 배달 음식을 계속 먹기에는 환경호르몬이 우리 몸에 미치는 나쁜 영향이 너무나 큽니다. 직접 요리하거나 식당에 가서 먹는 것이 가장 좋은 방법이지만 부득이하게 배달 음식을 먹어야 한다면 환경호르몬의 양을 최소한으로 줄이도록 노력해야 합니다.

이미 주문한 음식이 배달되어 오고 있다고요? 그러면 음식을 옮겨 담을 안전한 그릇을 준비하고 앞에서 다룬 배달·포장 용기의 재질별 특성을 빠르게 복습하세요. 그들은 먹음직스러운 모습을 하고 찾아옵니다. 냄새마저 좋아요. 그 매력에 빠져 음식을 보는 순간 환경호르몬에 대한 걱정은 잊고 배달 음식을 먹을지도 몰라요. 그 속의 환경호르몬도 함께요.

환경호르몬의 위장술에 쉽게 넘어가지 않으려면, 그들의 위장술을 간파할 줄 알아야 합니다. 맛있는 음식에 섞여 들어올 수 있는 환경호르몬을 최대한 적게 섭취하기 위해 노력하면서 여러분의 건강을 지켜 나가길 바랍니다.

급식 식단표 어디까지 봤니?

면역 세포가 나를 공격할 때 생기는 식품 알레르기

학교에서 나눠 주는 유인물 중 학생들이 가장 관심을 갖는 것이 무엇일까요? 바로 급식 식단표입니다. 학생들이 학교에 오는 목적이 급식이라고 해도 과언이 아닙니다.

급식 식단표를 받자마자 경건한 자세로 형광펜을 꺼내 들고, 마음에 드는 메뉴에 좍좍 표시하기 시작하는 학생들이 한둘이 아니죠. 어떤 날의 급식이 가장 마음에 드는지 순위까지 매기는 모습은 정말 진지하고 즐거워 보입니다. 심지어 한 달 치 급식 메뉴를 다 외우고 있는 학생도 있습니다. 오늘의 급식 메뉴를 물어볼 때마다 그 학생의 암기 능력에 감탄할 때가 많습니다.

그런데 급식 식단표에서 밥이나 일부 과일 정도를 제외한 대부분의 메뉴 옆에 적혀 있는 이 숫자가 무엇을 의미하는지 혹시 알고 있나요?

급식 식단표가 급식 메뉴만 알려 주는 게 아니라고?

아래는 한 학교의 급식 식단표 일부입니다. 메뉴 중 밥, 귤, 파인애플, 떡 정도를 제외하고 모두 숫자가 붙어 있습니다. 지금까지 한 번도 이 숫자들의 의미를 고민할 필요가 없었고 급식 때문에 탈이 난 적이 없었다고요? 그렇다 하더라도 이 숫자들이 무엇을 의미하는지 생각해 보았으면 좋겠어요. 이 숫자로부터 자유롭지 못한 친구들이 최근 부쩍 늘고 있거든요.

19	20	21	22	23
보리현미밥 고추장찌개(5.6.16.) 닭봉&닭날개구이(5.6.12.13.15.) 어묵볶음(1.5.6.13.) 배추김치(9.) 하우스귤 우유(2.)	흑쌀현미밥 시래기된장국(5.6.) 돼지고기 김치찜(5.6.9.10.13.) 달걀장조림(1.5.6.13.18.) 비름나물무침(5.6.) 열무김치(9.) 우유(2.)	크림스파게티(1.2.5.6.10.13.) 토마토 스파게티(2.5.6.12.13.16.) 마늘빵 구이(1.2.5.6.) 오이피클 깍두기(9.) 파인애플 우유(2.)	현미찹쌀밥 아욱된장국(5.6.18.) 수제떡갈비(5.6.10.12.13.16.18.) 도토리묵 무침(5.6.) 배추김치(9.) 수리취꿀떡(단오) 우유(2.)	차조현미밥 햄모듬찌개(5.6.10.13.15.16.) 감자오믈렛(1.2.5.6.10.12.13.15.16.) 애호박 부추전(1.5.6.) 사과오이 초무침(3.13.) 배추김치(9.) 우유(2.)

이 숫자의 의미에 대한 힌트는 급식 식단표 아래에 있는 문구에 있습니다.

이번 달 예정 식단 중 **번호가 표기된 음식**에는 알레르기를 일으킬 수 있는 성분이 들어 있음을 알려 드립니다.

[특이식품 : ①난류 ②우유 ③메밀 ④땅콩 ⑤대두 ⑥밀 ⑦고등어 ⑧게 ⑨새우 ⑩돼지고기 ⑪복숭아 ⑫토마토 ⑬아황산 ⑭호두 ⑮닭고기 ⑯쇠고기 ⑰오징어 ⑱조개류(굴, 전복, 홍합 포함) ⑲잣]

유심히 보지 않았을지도 모르지만 급식 식단표에 항상 적혀 있는 문구입니다. 식단표의 숫자들은 우리가 먹는 급식 메뉴 속에 ①~⑲의 성분 중 무엇이 들어 있는지 알려 줍니다.

⑮닭고기 알레르기가 있는 학생이 있다고 가정해 볼까요? 이 학생은 급식 식단표를 보고 19일에 나오는 닭봉&닭날개구이, 23일에 나오는 햄모듬찌개, 감자오믈렛에 형광펜을 칠해 놓을 겁니다. 그 음식을 먹지 않기 위해서죠. 해당 음식을 먹었을 때 알레르기 반응을 일으킬 수 있으니 그것을 기억하고 피하려고요.

식품 알레르기, 네 정체가 궁금해

우리 몸은 외부로부터 스스로를 지키기 위한 방어 시스템을 갖추고 있는데 그것이 바로 '면역'입니다. 몸에 병원균이 침입하면 공격 모드를 발동하는 면역 반응은 우리 몸을 지키기 위해 꼭 필요합니다. 한데 식품 알레르기는 특정 식품이 우리 몸에 해가 되지 않는데도 그것을 병원균으로 착각하고 면역 시스템을 작동시켜 문제가 발생하는 겁니다. 식단표에서 숫자가 표기되지 않은 메뉴를 찾기 어려울 정도로 알레르기 유발 성분이 들어 있는 메뉴가 많지만, 대다수의 학생들은 아무런 문제없이 급식을 먹어 왔을 거예요.

식품 알레르기가 있는 경우엔 아주 조금만 먹더라도 알레르기 반응이 일어날 수 있으므로 각별한 주의가 필요합니다. 식품 알레르기 반응이 일어나면 입술이나 목이 붓거나 기침과 콧물, 천식, 편두통, 비염, 복통, 설사, 두드러기 등의 증상이 나타납니다. 만약 특정 음식을 먹을 때마다 정도가 약하더라도 이와 유사한 반응이 있었다면 그 식품에 대한 알레르기가 있을 수 있으니 주의 깊게 살펴야 합니다.

두드러기 아토피 피부염 혈관부종 (혈관이 붓는 것) 소양성 피부염	구토 설사 복통	천식 비염	심혈관계, 신경계 아나필락시스 구강알레르기 증후군 (입 또는 입술의 가려움, 부기)
피부	위장관	호흡기	전신적 및 기타

앞서 언급한 식품 알레르기 반응이 찾아오면 일상생활에 지장을 받을 만큼 힘든데요. 만약 아나필락시스 쇼크가 찾아오면 생명까지 위험해질 수 있습니다. 아나필락시스는 갑자기 호흡 곤란, 기

절, 저혈압, 쇼크 등이 발생할 수 있는 심각한 알레르기 반응이에요. 일반적인 식품 알레르기에 비해 단시간 내에 급격하게 전신에 알레르기 증상이 발생하기 때문에 상당히 위험합니다. 즉각적으로 적절한 치료나 조치를 하지 않으면 장기가 손상될 수 있고, 최악의 경우 사망에 이를 수도 있습니다.

식품 알레르기, 나와는 상관없는 이야기 아닌가?

식품 알레르기는 유전적 요인과 환경적 요인이 복합적으로 작용해 발병하는 것으로 알려져 있습니다. 하지만 최근 전 세계적으로 식품 알레르기 비율이 급증하고 있는 걸 보면, 현대 사회의 환경적 요인이 식품 알레르기를 일으킨다는 걸 알 수 있지요. 원인이 다양하고 복합적인데 그중 하나로 언급되는 것이 아이러니하게도 '너무 청결한 환경'입니다. 과거에 비해 청결해진 생활환경 속에서 태어나고 자란 현대인들은 유아기에 면역 체계가 제대로 발달하지 못한 경우가 많다고 합니다. 세균이나, 미생물, 기생충이 몸속에 들어오면 그것들을 이겨 내는 과정에서 면역 체계가 발달하는데, 지나치게 청결한 현대 사회의 환경 때문에 그 기회를 얻지 못하면서 면역 체계가 제대로 발달하지 못한 것이죠. 그렇기에 공격할 대상을 잘 파악하지 못하고 자기 자신을 공격해 버리

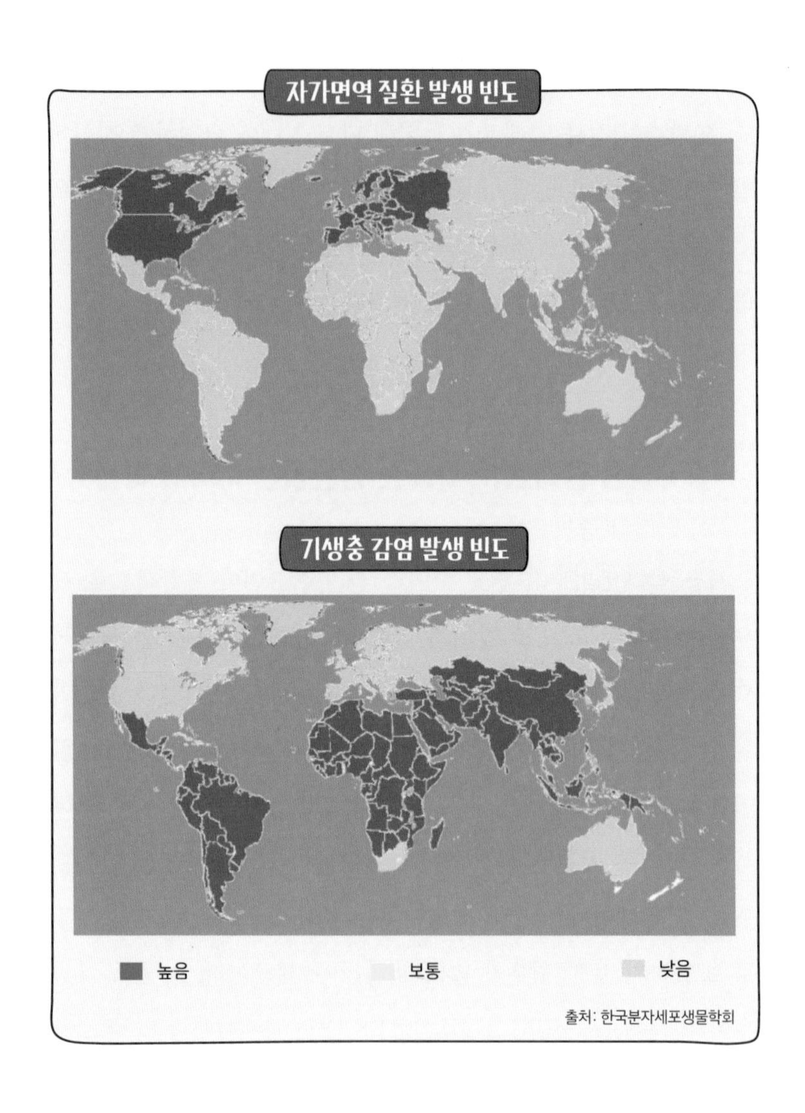

는 '자가면역' 반응을 일으키게 된다는 것입니다. 이것을 '위생 가설(Hygiene hypothesis)'이라고 합니다. 이와 관련한 흥미로운 연구

자료가 있습니다.

왼쪽 그림을 보면 기생충 감염 발생 빈도가 높은 지역과 자가면역 질환 발생 빈도가 높은 지역이 완전히 반대인 것을 확인할 수 있습니다. 그러면 식품 알레르기 반응을 피하기 위해 인위적으로 기생충과 세균에 노출되는 환경을 조성해야 할까요? 그렇진 않습니다. 식품 알레르기를 피하는 대신 감염병을 비롯한 다른 질환이나 문제들을 떠안을 테니 결코 적절한 해결책이 아닙니다.

미국 건강 정보 사이트 'Eat This, Not That'은 가공식품과 화학물질 소비의 증가를 식품 알레르기의 원인으로 보고 있는데요, 이것은 왼쪽 그림과도 관련이 있습니다. 자연식품 속에 들어 있는 미생물이나 기생충은 공장에서 가공되는 과정에서 모두 제거됩니다. 그로 인해 자연식품 속에 있던 미생물이나 기생충이 우리 몸에서 자연스럽게 면역 반응을 일으킬 기회도 함께 제거되어 버리는 거지요. 대신 가공식품 등에 많이 들어가는 화학 첨가물이나 간편식 등의 음식을 담는 포장재에 들어 있는 화학물질이 체내에 쉽게 들어옵니다. 이 화학물질 역시 일종의 독소이기 때문에 이에 대한 면역 반응으로 알레르기를 일으키기도 합니다.

내가 먹는 음식과 내 몸의 반응에 관심을 기울여 보자

현대 사회에서 의식적으로 노력하지 않으면 가공식품, 화학물질이 들어간 식품을 피하기는 어렵습니다. 직접 요리하고 싶지만, 바쁜 일상에서 간편하게 먹을 수 있는 가공식품에 손이 더 자주 가니까요. 내 몸은 내가 생각하는 것보다 식품 알레르기에 취약한 상황일 수 있습니다.

설사나 복통이 있었던 날이나 비염·가려움증·두드러기 등의 증상이 심했던 날, 그날 먹은 음식이 무엇이었는지 심각하게 떠올려 본 적이 있나요? 가볍게 여기고 넘어가는 경우가 많았을 거예요. 약한 정도의 식품 알레르기를 앓는 상태인 경우, 자신에게 식품 알레르기가 있는 줄 모르고 지낼 수 있는 거죠. 하지만 감기나 장거리 여행, 운동, 극심한 스트레스 등으로 몸의 컨디션이 특별히 더 안 좋을 때 식품 알레르기 증상이 증폭되면 아나필락시스가 발생하여 위험해질 수 있습니다. 몸에 경고등이 켜진 날이 있다면 내 몸에 조금 더 관심을 기울여 보세요. 내가 먹는 음식, 내 몸이 보내는 반응에 관심을 기울이면 혹시나 찾아올지 모르는 위험한 상황에서 나를 지킬 수 있습니다.

한 걸음 더

○○ 고등학교에서 알레르기 질환을 앓고 있는 학생은 전교생 712명 중 4명이다. 이 학생들은 급식에 나온 메뉴 중 알레르기를 유발하는 성분이 들어 있는 것을 빼고 나면 먹을 수 있는 반찬이 1~2개뿐이거나 아예 없을 때도 있다. 초·중등학교 때도 급식을 받고 나면 먹을 반찬이 별로 없어서 집에서 싸 온 도시락 김에 밥을 싸 먹을 때가 많았다. 알레르기 유발 식품을 넣은 볶음밥이 나오는 경우엔 밥을 아예 못 먹을 때도 있었다. 고등학교에서의 3년도 그렇게 지내고 싶지 않다. 소수의 학생에게 대체식을 제공하려면 식재료의 추가적인 구입이나 조리 종사원 인력을 충원하는 등 비용이 더 든다는 것을 모르는 것은 아니지만, 개인의 건강과 행복 추구권도 중요하다고 생각했기 때문에 4명의 학생은 함께 목소리를 모아 교장 선생님을 설득하기로 했다.

위와 같은 상황에서 교장 선생님을 설득하기 위한 글을 써 보아요.

- 예상되는 반론(비용 증가와 같은 경제적 효율성 문제, 다수를 위한 소수의 희생 등)을 고려할 것.
- 〈급식 식단표 어디까지 봤니?〉에 제시된 내용 중 적절한 뒷받침 근거를 찾아 제시할 것.

2

식생활과 이웃

오늘의 식생활 관찰기

주문하신 디저트 나왔습니다 ~
감사합니다 ~!
와 너무 이쁘다!!
준비 됐니...?
물론...
찰칵
찰칵
찰칵
30분 뒤...
(사진 찍다 지침...)
이제 먹자...
그래...

사진 찍기 전 먼저 먹는 건 반칙?

음식 사진을 SNS에 공유하는 심리

기말고사가 끝나고, 친구들과 기분을 내고 싶었던 혜정이는 얼마 전부터 눈여겨봐 두었던 SNS 속 유명한 디저트 카페에 찾아갑니다. 생크림이 한껏 뿌듯하게 올라와 있는 크로플, 생딸기와 아이스크림에 시그니처 초콜릿 장식이 올라가 있는 크레페까지 받아 들고 보니 이것들을 먹으려고 그 힘든 시험을 견뎌 냈구나 싶어서 스스로 대견할 정도입니다.

모두 약속이나 한 듯 스마트폰을 꺼내 경건한 자세로 다양한 각도에서 사진을 찍고, 디저트를 배경으로 브이 모양을 한 손들을 모아 별 모양을 정성껏 만든 뒤 또 사진을 찍습니다. '#시험끝 #우정 #○○디저트카페 #먹스타그램'의 해시태그를 달아 SNS에 올리는 것까지 완료하고서야 만족스럽게 디저트를 한입 베어 뭅니다.

맛없어도 괜찮아, '있어' 보이는 게 더 중요해

혜정이와 비슷한 경험이 여러분에게도 있지 않나요? 음식을 먹고 싶은 욕구를 잠시 미뤄 두고, 사진부터 찍기 위해 스마트폰을 꺼낸 경험이요. 음식점에 가면 스마트폰을 꺼내서 사진을 찍는 사람들의 모습을 쉽게 볼 수 있는데요, 먹히기 전에 마지막으로 사진 찍힐 기회를 모든 음식이 누리는 것은 아닙니다.

혜정이의 식사 취향을 완벽하게 맞춘 엄마표 김치찌개나 오징어볶음은 혜정이네 공식 밥도둑이지만 그 음식들을 찍어 SNS에 올리고 싶다고 생각해 본 적은 없습니다. 기대보다 실망스러운 맛이었어도 모양만은 환상적이었던 유명 디저트 카페의 크레페 사진은 SNS에 올렸지만요.

사람들이 SNS에 올리는 음식 사진은 대부분 일상에서 자주 먹지 못하는 특별한 음식, 비싸거나 모양이 예쁜 음식, 유명 맛집의 음식인 경우가 많습니다. 나의 일상을 기록하고 공유하기 위해 시작한 SNS이지만 평소에 자주 먹는 평범한 음식을 올리는 것은 뭔가 '있어' 보이지 않거든요.

온라인 속 사회적 관계망을 형성해 주는 SNS에서는 사진첩의 무수한 사진 중 내가 선택한 몇 컷을 통해 '나'라는 사람의 정체성을 만들어 보여 줄 수 있습니다. 그래서 우리는 사진 한 장을 올릴 때도 그 사진이 나를 어떻게 보여 줄지를 생각하고, 이왕이면

더 있어 보이고 괜찮은 사진을 올리려고 합니다. 사진에 대한 타인의 반응이 실시간 알림으로 뜨기 때문에 반응 하나하나에 신경을 쓰게 됩니다.

SNS에 사진을 올릴 때는 '타인에게 비춰지는 내 모습'을 의식하게 됩니다. 같은 값이면 다홍치마라고, 이왕이면 조금 더 잘 지내는 모습을 남들에게 보여 주고 싶습니다. 그래서 의식하든 의식하지 않든 열심히 사진첩을 뒤져서 내가 가장 빛나 보이는 것들을 골라 SNS에 올리곤 합니다. 인정하고 싶지는 않지만 '과시(誇示_자랑해 보임, 사실보다 크게 나타내어 보임)'의 효과를 어느 정도는 염두에 두고 있는 것이죠.

SNS에 음식 사진을 올리지 말라는 얘기는 아니에요. 열심히 공부했으니 그에 대한 보상으로 유명 디저트를 먹는 나의 모습, 생일 같은 특별한 날 가족과 함께 고급 레스토랑에 가서 식사하는 나의 모습은 모두 다 내 생활의 한 부분입니다. 이 모습들을 통해, '나'라는 존재를 보여 주고 온라인에서 사회적 관계를 맺고 다른 사람들과 소통하려는 것엔 아무 문제가 없어요. 이에 대한 반응으로 '좋아요'나 부러움의 댓글, 정보를 물어보는 댓글 등을 받으면 내가 잘 지내고 있다는 것을 인정받고 다른 사람에게 유용한 정보도 공유한 것 같아서 기분 좋고 뿌듯한 감정을 느끼는 것도 자연스러운 거고요. 이런 활동들을 통해 높아진 자존감이나 행복감은 하루하루를 에너지 넘치게 살 수 있게 해 주는 원동력이 될 거예요. 하지만 무엇이든 정도가 지나치면 문제가 생길 수 있습니다.

'있어' 보이기 위해 음식 사진을 찍는 이유

몇 차례 올렸던 음식 사진들에 대한 반응이 너무 좋았습니다. 이 기세를 이어 팔로워를 더 늘리고 싶다는 생각을 한 혜정이는 이제 용돈이 생기면 무조건 유명한 디저트 맛집을 찾아다닙니다. 사진은 보정 어플을 사용해 디저트가 더 맛있어 보이도록 찍어요. 예전엔 기껏 찾아간 맛집의 음식이 맛없으면 속상했는데, 이젠 사

진이 잘 안 나오면 속상합니다. SNS에 올리려면 좀 더 있어 보여야 하니까요. 어느새 혜정이의 정체성은 먹스타그램 인플루언서가 되었습니다.

혜정이가 찾은 새로운 정체성은 혜정이에게 긍정적 자아상을 만들어 줄 수 있을까요? 맛집을 찾아가 친구들과 즐겁게 대화하며 먹는 즐거움들은 예전과 같을까요?

아마 그렇지 않을 거예요. 이제 혜정이의 SNS는 가끔 특별한 일이 생기면 편하게 자신의 소식을 전하며 주변 사람들과 자유롭게 공유하던 소통의 도구가 아닙니다. '멋진 디저트를 먹으러 다니는 특별한 학생'이라는 새로운 정체성을 만들어 주는 도구가 되었죠. 그 특별함을 계속 보여 주기 위해서 용돈을 모두 디저트 맛집을 찾아가는 데 사용하고 있고, 더 특별한 맛집을 찾으려고 검색하면서 시간을 보내다 보면 자신이 지금 뭘 하는 건가 싶을 때도 있습니다. 하지만 고급 디저트를 먹는 혜정이를 부러워하는 친구들의 반응이나 댓글을 보면 멈추기가 어렵습니다.

Q. 청소년,
명품을 구매한 경험은?

Q. 명품을 구매하는 방법은?

방법	비율
부모님께서 사 주신다	39.1%
내 용돈을 모아 구매한다	25.7%
아르바이트로 돈을 모아 구매한다	14.2%
친구들과 돈을 모아 돌아가며 선물한다	1.4%
기타	19.6%

출처: 스마트학생복

몇 년 전, 우리말 '있어 보인다'와 영어 'ability(능력)'의 합성어인 '있어빌리티'라는 신조어가 등장해 주목을 받은 적이 있습니다. 자신이 가지고 있지 않거나 부족한 것을 충분히 지닌 것처럼 '있어 보이게 하는 능력'을 의미하는데요. 이러한 말이 만들어질 정도로 SNS에 과시적인 사진을 올리고 자신을 잘 포장하는 사람들이 많음을 짐작할 수 있지요. 꼭 인플루언서가 되어야겠다고 생각하는 게 아니더라도 SNS에 자신이 올리는 사진을 통해 이왕이면 더 있어 보이고 싶은 것이죠.

SNS 사용량이 많은 청소년들은 과시적 성향의 콘텐츠들에 숱하게 노출되며, 있어 보이는 것에 대한 동경심을 자연스럽게 갖게 됩니다. 명품을 구매한 청소년의 비율이 전체 청소년의 절반이 넘는다는 조사 결과를 통해 청소년들의 '있어빌리티'에 대한 선망을 잘 알 수 있습니다. 하지만 청소년들이 자신들의 바람을 채우기란 쉽지 않습니다. 명품을 구매하려면 부모님께 부탁하거나 용돈을 모으거나 아르바이트를 해야 하는데, 명품이 워낙 고가이다 보니 자주 살 수는 없거든요. 이런 청소년들의 과시욕을 충족시킬 수 있는 것 중 가성비가 가장 높은 것이 바로 음식 사진입니다.

'있어' 보이는 식사 말고, 진짜 식사

학생이지만 숨어 있는 멋진 디저트 집을 찾아내는 안목이 있어 보이고, 값이 꽤 나가는 디저트를 먹을 수 있는 경제적 여유가 있어 보이며, 다른 친구들처럼 빡빡한 스케줄에 치이지 않는 여유로운 시간이 있어 보이는 혜정이. SNS에 디저트 사진들이 쌓이고, 사람들의 댓글이 많아질수록 스마트폰을 손에서 놓기 어렵습니다. 급격히 떨어진 성적에 어제도 엄마한테 혼났지만, SNS 속에서는 늘 여유로운 혜정 씨입니다. 팔로워는 늘어가는데, 떡볶이 대신 디저트 맛집만 찾아다니는 혜정이의 취향을 맞춰 주던 친구들도 슬슬 지치는 눈치입니다. 마음에 드는 사진을 건질 때까지는 먹지도 못하게 하는 것에 이젠 불만을 보이기도 하죠. 사실 용돈은 커녕 알바비로도 음식값을 감당하기 어려워서 최근엔 디저트 사진을 자주 올리지 못했습니다. SNS 속의 혜정이는 빛나고 멋진데 현실 속 혜정이는 늘 조급해 보이고 잘 웃지도 않습니다.

자아정체성이 형성되는 청소년기에 자신에 대한 타인의 긍정적인 평가는 건강한 자존감을 형성하는 데 도움이 됩니다. 하지만 SNS 활동을 지속할수록 SNS에서 보여 주는 나의 모습과 그에 대한 타인의 평가가 진짜 '나'와 큰 격차를 보이게 된다면 그것은 문제 상황이라고 볼 수 있습니다. 진짜 자신이 좋아하는 것, 자신이 원하는 것에 대해 들여다보는 대신 타인의 관심사나 반응, 욕구에 더 초점을 맞추어 살고 있다는 이야기가 되니까요. 그것이 청소년기 때 건강한 성장에 중요한 음식이라면 더 문제가 될 수 있고요.

음식을 먹는 행위는 기본적으로는 생존을 위해 이루어집니다. 내가 하고자 하는 일들을 성취할 수 있도록 에너지를 만들고 미각을 만족시켜 행복을 느끼게 합니다. 안정된 분위기에서 다른 사람들과 함께하는 식사는 원만한 사회적 관계를 형성하며, 정서적 충족감도 느끼게 하고요. 즉, 음식은 우리의 몸과 마음을 건강하게 성장할 수 있게 해 주는 아주 중요한 것으로서, 현실을 살아가는 '나' 자신을 위한 것입니다.

하지만 음식 사진을 보여 주는 것에 초점이 맞춰진 식사는 '나'를 위한 것이 아닙니다. 오히려 '타인에 의해 만들어진 나'를 위한 것이 되어 버립니다. 내 몸에 들어올 음식을 먹는 것인데 음식에 대한 선택권이 '나'에게는 없는 거지요. 이런 식사를 하면서 내 몸과 마음의 건강한 성장을 기대하기는 어렵습니다.

음식 사진을 찍어서 SNS에 올리는 것 좀 가지고 너무 심각할 정도로 진지하게 바라보는 것은 아니냐고요? 맞아요. 그럴지도 몰라요. 하지만 가벼운 마음으로 사진을 올리기 시작했던 SNS 활동이 점차 '좋아요'나 '댓글'이 주는 달콤함에 빠져, 자신을 조금 더 과시하고 포장하려는 의도가 담긴 음식 사진들만 골라 올리는 활동으로 바뀌게 되면서 결국은 자기 자신을 잃게 될 위험이 분명히 있다고 생각해요.

SNS는 일상을 공유하고 다양한 이들과 사회적 관계를 맺으며 소통하는 중요한 도구이기에 그 안에서 건강하게 성장할 수 있도록 지혜롭게 이용해야 합니다. 나의 일상을 보여 주고 특별한 날에 먹은 음식 사진을 공유하고 뿌듯함을 느끼는 등 '나'의 마음을 기준으로 SNS 활동을 하던 자신이 어느 순간, '예쁘게 장식이 되었는가, 유명 맛집의 음식인가, 사람들이 좋아하는 음식인가' 등 타인의 반응을 기준으로 둔다면 그때는 '잠시 멈춤'의 시간이 온 거예요. 내가 살아가는 현실 속에서 가장 의미 있는 존재로 살아가야 하는 '나'. 가상의 공간에 존재하는 '나'가 아닌, 진짜 현실을 살아가는 '나'의 감정과 요구에 더 귀를 기울여야 하는 시간이 온 거죠. 음식 사진을 먼저 찍기보다 내가 진짜 좋아하는 음식, 내가 진짜 좋아하는 사람들과의 행복한 식사, 그리고 그들과 시간을 행복하게 보낼 수 있도록 해 준 음식을 마음에 담아 보는 것은 어떨까요?

한 걸음 더

♠ 아래의 〈글쓰기 메모〉를 작성해 보고, 'SNS 활동을 현명하게 하기 위한 방법'을 주제로 글을 써 보세요.

글쓰기 메모

❶ SNS 활동을 통해 얻게 되는 긍정적인 면은 무엇일까?

- 앞의 글에서 알 수 있는 것 :
- 내가 따로 조사해서 알아낸 것 :

❷ SNS 활동이 초래할 수 있는 부정적인 면은 무엇일까?

- 앞의 글에서 알 수 있는 것 :
- 내가 따로 조사해서 알아낸 것 :

❸ 부정적인 면을 줄이고 긍정적인 면을 최대화하기 위한 방법을 고민해 보자.

⇩

'SNS 활동을 현명하게 하기 위한 방법'

먼 길을 여행하기 위해 음식이 독기를 품는다고?

유전자 조작·농약·방부제를 만나면서 독해지는 음식들

여러분은 해외여행을 좋아하나요? 유튜브나 티비의 여행 프로그램을 보면 여행 가고 싶은 마음이 모락모락 생기지만 막상 비행기를 탈 생각을 하면 조금 망설이게 되더라고요. 좁은 공간에 잔뜩 웅크린 채 긴 비행을 하는 건 무척이나 힘들고 고된 일이니까요.

식품도 마찬가지일 거예요. 어떤 식품이 배나 비행기를 타고 먼 길을 여행하면 그 식품도 지칠 수밖에 없어요. 누군가 먹기도 전에 상해 버릴 수 있고요. 그러면 식품이 애써 먼 거리를 여행한 의미가 없어지는 거지요. 그래서 사람들은 미리 식품에 손을 써 놓습니다. 먼 길을 여행해도 문제가 없도록 유전자를 조작하거나 방부제를 뿌리기도 하고, 방사선을 쪼이기도 합니다. 이런 방법을 사용하면 몇 달 동안 여행한 식품이 신기하게도 바로 어제 수확한 것처럼 싱싱한 모습을 유지한답니다. 그런데요, 싱싱해 보이는 이 식품들이 과연 우리 건강에도 싱싱한 식품일까요?

유전자 조작 식품이 뭐야?

저는 딸기를 좋아하는데요, 딸기는 다른 과일에 비해 너무 빨리 물러져서 오래 두고 먹을 수가 없습니다. 그래서 딸기가 천천히 무른다면 딸기를 잔뜩 사 놓고 먹을 텐데 하는 생각을 하곤 하는데요. 저만 이런 생각을 한 건 아닌가 봐요. 1994년 미국의 칼젠(Calgen) 사는 세계 최초의 유전자 조작 농수산물(GMO: Genetically Modified Organism)인 '무르지 않는 토마토(Flavr Savr Tomato_ 신선한 맛이 오래가는 토마토)'를 만들어, 미국 식품의약안전처(FDA)의 승인을 받았습니다. 이 토마토는 껍질이 비교적 딱딱해 다른 토마토보다 저장 기간이 길다는 장점이 있었습니다. 그러

나 유전자 변형에 대한 부정적 인식과 마케팅 실패로 판매가 중단되었지요. 이후 미국의 다국적 농업 기업 몬산토 사가 유전자 조작 식품을 본격적으로 상품화하는 길을 열었습니다. 몬산토는 현재 전 세계 GM(유전자 조작)종자 특허권의 90%를 가지고 있는 곳입니다.

유전자 조작 식품이 뭐냐고요? 농작물이 가진 유전자를 연구하고 특정 유전자를 없애거나 새로운 유전자를 집어넣는 방식으로 유전자를 재조합해서 만들어진 농작물을 원료로 한 식품을 말합니다. 유전자는 생명체의 특징을 담고 있는 유전 정보를 전달하는 인자입니다. 이 생명체의 암호인 유전자의 순서를 바꾸거나, 유전자를 넣고 빼서 원래 농작물의 단점을 없애고 사람에게 도움을 주는 농작물로 만드는 거죠. 유전자 조작 식품은 생산성과 영양 향상을 위해 1980년대부터 본격적으로 연구됐습니다. 우리나라에 유전자 조작 식품이 소개된 것은 1990년대부터입니다. 콩이나 옥수수의 국내 재배량이 수요에 비해 부족하여 많은 양을 수입하고 있었고, 이때 유전자 조작 식품들이 우리 식탁에 올라오기 시작했죠.

유전자 조작 기술로 가뭄이나 해충에 저항이 강한 농작물을 만들 수도 있고, 필요에 따라 특정한 기능이 추가되거나 강화된 작물도 생산할 수 있습니다. 생산량이나 보관 기간도 조절할 수 있고요. 먼 길을 떠나야 하는 식품이 있다면 그 식품의 유전자를 조작해서 오랜 기간 상하거나 무르지 않도록 할 수도 있습니다. 실제로 먼 거리를 여행하는 식품은 유전자 조작 식품인 경우가 많습니다.

유전자 조작 식품이 인체에 어떤 영향을 미치는 거지?

유전자를 조작한 식품들은 우리 몸에 어떤 영향을 미칠까요? 유전자 조작 식품에 대해 가장 크게 우려하는 부분은 '안전성'입니다. 잘못된 유전자 변형이 인간에게 해를 끼칠 수도 있다는 거죠. 아직 유전자 조작 식품이 우리의 몸에 어떤 영향을 미치는지 완전히 밝혀지지 않았습니다. 유전자를 조합하면서 어떤 부수적인 물질이 만들어지는지 정확히 알 수 없어 유전자 조작 식품에 대해 우려하는 목소리가 많습니다. 유전자 조작 식품이 안전하다는 실험 결과도 많지만 인체에 위험할 수 있다는 실험 결과도 만만치 않게 많거든요. 유전자 조작 식품에 대한 긍정적 입장과 부정적 입장이 굉장히 팽팽하게 대립하고 있습니다.

유전자 조작 식품을 부정적으로 바라보는 사람들은 유전자 조작 식품을 '프랑켄푸드'라고 부르기도 합니다. 프랑켄푸드는 영국의 공상 괴기 소설에 나오는 '프랑켄슈타인'과 '푸드'를 합성한 용어입니다. 그러나 유전자 조작으로 기존 들깨보다 비타민E가 10

배 이상 많은 기능성 들깨를 개발하는 등 이전보다 영양가 높은 식품을 저렴하게 제공함으로써 사람들에게 혜택을 줄 수 있다는 의견도 많습니다. 여러분은 유전자 조작 식품에 대해 어떻게 생각하나요? 그리고 어떤 음식을 선택하고 싶나요?

식탁 위 푸드 마일리지를 아니?

먼 길을 떠나는 식품에게 유전자 조작과 관련된 논란만 있는 것이 아닙니다. 푸드 마일리지에 대한 이야기도 있습니다. 푸드 마일리지(Food Mileage)는 1994년 영국 환경운동가 팀 랭(Tim Lang)이 창안한 것으로, 식품이 생산되어 소비자의 식탁에 오르기까지의 모든 이동 거리를 말합니다.

푸드 마일리지 = 수송 거리(km) × 식품 수송량(t)

식품의 푸드 마일리지가 높으면 운송에 따른 온실가스 배출이 많아집니다. 그래서 푸드 마일리지는 환경 영향을 평가하는 지표로 사용됩니다.

생선이 우리 식탁에 오르기까지의 과정을 살펴볼까요? 우선, 배를 이용해 생선을 잡습니다. 이 생선은 육지로 옮겨져서 여러

유통 과정을 거칩니다. 드디어 맛있는 생선이 우리 집 식탁에 도착. 이 생선을 유통하기 위해서 선박, 트럭, 기차, 비행기 등 여러 운송 수단이 사용되는데, 이때 화석 연료가 필요합니다. 화석 연료를 사용하면서 온실가스인 이산화탄소가 배출되고요. 이산화탄소는 지구 온난화를 유발하는 대표적인 온실가스이지요.

이동 거리가 길수록 푸드 마일리지가 높고 배출되는 온실가스의 양도 많습니다. 식품들이 긴 이동 거리를 신선한 상태로 견디려면 방부제와 같은 인공첨가물이 더 많이 필요합니다. 인공첨가물이 우리 몸에 좋을 리 없겠지요. 최근 과일 하나를 먹더라도 맛있는 과일을 찾는 소비 트렌드에 따라 키위나 망고 등의 수입량이 증가하고 있습니다. 하지만 이 달콤함을 위해 키위나 망고에는 어마어마한 양의 푸드 마일리지가 쌓이겠죠. 그 먼 거리를 여행한 키위와 망고에 쌓인 피로감은 그것을 먹는 우리에게도 그대로 쌓일 거고요.

환경오염을 방지하기 위해 푸드 마일리지가 낮은 제품을 선택하자는 '푸드 마일리지 운동'은 지구 건강과 사람들의 건강을 생각하며 슬로푸드(패스트푸드에 대립하는 개념으로, 지역의 전통적인 식생활 문화나 식재료를 보존하는 운동 또는 그 음식)와 로컬푸드, 신토불이 식품, 유기농 식품, 비유전자 조작 농수산물(non-GMO) 먹기 운동으로까지 이어지고 있습니다.

로컬푸드(Local Food)는 반경 50km 이내에서 생산된, 장거리 운송을 거치지 않은 농산물을 말합니다. 생산자와 소비자의 거리를 줄여서 중간 유통비용을 최소화한 농산물이지요. 상품이 운송되는 거리를 줄이면 온실가스 발생도 줄일 수 있고 먼 거리를 갈 필요가 없으니 방부제가 쓰일 확률도 낮습니다. 당연히 푸드 마일리지도 낮습니다.

국내 로컬푸드는 2008년 완주군에서 시작되어, 2012년 대한민국 로컬푸드 직매장 1호를 열고 이후 지자체를 중심으로 전국으로 확대되었습니다. 로컬푸드 직매장은 매일 아침 농부가 각 지역에서 직접 수확한 농산물을 포장하고 진열해, 당일에 판매하는 것을 원칙으로 합니다. 신선한 농산물을 믿고 구입할 수 있겠지요. 저희 집 앞 농협에도 로컬푸드 직매장이 있는데, 각 식품마다 생산자의 사진과 이름까지 있답니다. 믿을 수 있겠지요. 저렴한 가격은 덤이고요. 농림축산식품부에서는 공공데이터로 로컬푸드 직매장 현황을 공유합니다. 로그인 없이 다운로드(www.data.go.kr)해서

로컬푸드 직매장을 찾을 수 있으니, 우리 집 근처 로컬푸드 직매장을 찾아 부모님과 방문해 보세요.

로컬푸드로 지구를 지키자

예전엔 로컬푸드를 유통 과정이 짧은 신선한 지역 농산물을 저렴하게 구입할 수 있는 통로라고만 생각했습니다. 이제는 로컬푸드의 의미가 달라졌습니다. 환경오염에 관심이 많아진 지금은 장거리 운송에서 발생하는 탄소 배출을 줄이기 위한 실천 수단으로서 더 중요한 의미를 갖게 되었습니다. 신선하고 알뜰한 식탁을 위한 선택이었던 로컬푸드 소비는 이제 지역 상생, 탄소중립이라는 큰 목표까지 실천할 수 있는 의식 있는 소비의 한 방법이 된 거죠. 로컬푸드로 만든 식사를 하는 여러분은 환경문제에 대한 의식이 있는 사람이 되는 거고요.

학교 급식에서도 로컬푸드를 활용하는 곳이 있습니다. 농촌진흥청 연구에 따르면 지역 농산물을 학교 급식에 적극적으로 활용하는 학교의 1년 식단이 그렇지 않은 학교의 식단보다 과일이 3배 정도 더 자주 나온다고 합니다. 학교 급식도 로컬푸드를 이용하면 더 저렴하고 신선할 수 있는 거죠. 학교 급식을 통해 로컬푸드를 꾸준히 먹는다면 건강한 식습관이 만들어질 거라 확신합니다.

많은 식품이 먼 거리를 여행합니다. 이 식품들의 여행으로 지구가 오염되고 있습니다. 이대로 가다간 다시는 푸른 하늘과 맑은 공기를 만나지 못할지도 모릅니다. 우리의 건강한 생활을 위해 어떤 식품을 선택하는 것이 좋을지 다 함께 생각해 보면 좋겠습니다.

한 걸음 더

2012년 수능 경제지리 영역에 농산물 유통 거리와 관련하여 수입 농산물과 로컬푸드를 비교하는 문제가 출제되었어요. 〈먼 길을 떠나기 위해 과일이 독기를 품는다고?〉를 읽고 수입 농산물과 로컬푸드를 비교하여 적어 본 뒤, 앞으로 어떤 식습관을 갖기 위해 노력할 것인지 자신의 생각을 정리해 봅시다.

맥도날드의 패스트푸드가 싸다고?

대량 생산 속에 숨어 있는 음식의 비밀

재윤이는 모처럼 친구들과 만나서 놀기로 했습니다. 재미있게 놀다 보니 점심시간이 되었습니다. 뭘 먹을지 주변을 둘러봅니다. 평소 먹지 않는 것 중에 고르고 싶은데, 용돈은 뻔히 정해져 있어서 비싼 음식을 먹기에는 좀 망설여집니다. 다들 입맛이나 취향도 조금씩 다르고요.

그때, 빨간 건물에 황금색 M 자 모양. 바로, 맥도날드가 눈에 들어왔습니다. 햄버거라면 맛도 있고 친구들도 다들 좋아하죠. 게다가 무엇을 고르든 가격도 꽤 저렴한 편입니다. 조금만 돈을 더 보태면 감자튀김과 콜라까지 세트로 먹을 수 있습니다. 만 원 한 장이면 많은 양의 음식을 이렇게 먹을 수 있다니, 참 좋지 않나요? 근데 궁금합니다. 맥도날드와 같은 패스트푸드 체인점은 어떻게 이렇게 저렴한 가격으로 넉넉하게 음식을 제공하는 걸까요?

세계 물가를 측정하는 빅맥 지수

맥도날드는 미국의 세계적인 햄버거 체인으로 전 세계에 무려 3만 7천여 개의 매장을 가지고 있습니다. 맥도날드의 대표적인 햄버거인 빅맥은 세계의 어느 매장에 가도 품질, 크기, 재료가 같습니다. 그래서 각국의 빅맥 가격을 달러로 환산해 나라별 물가를 비교하는 빅맥 지수까지 등장했습니다. 빅맥 지수는 영국 경제지인 「이코노미스트」에서 1986년 처음 고안한 것으로, 매년 1월과 7월에 발표합니다. 빅맥 지수가 높으면 물가가 높고 화폐 가치도 높으며, 빅맥 지수가 낮으면 물가도 낮고 화폐 가치도 낮다고 해석할 수 있습니다.

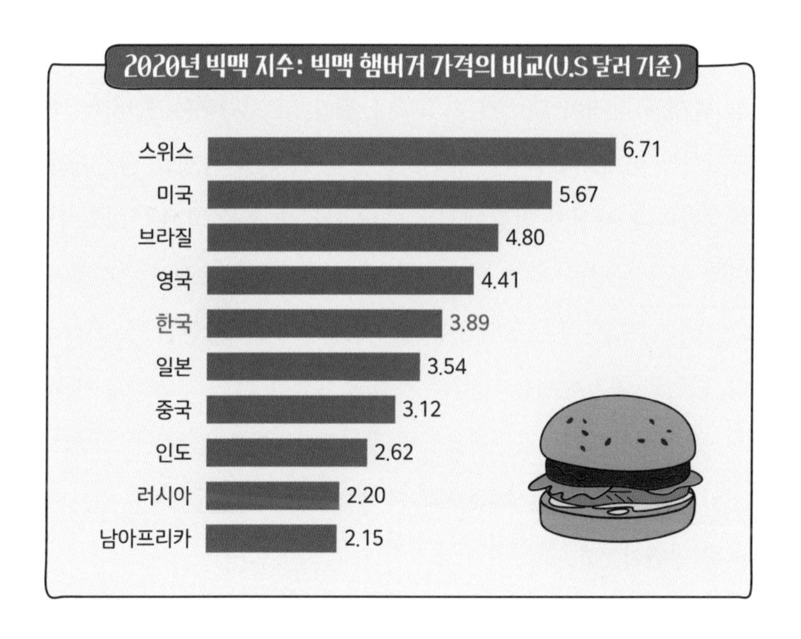

맥도날드 햄버거의 비밀, 첫 번째. 대량 구입

맥도날드 햄버거 가격이 저렴한 이유를 생각해 본 적 있나요? 마트에 가서 햄버거의 재료를 구입해 보면 아무리 원재료를 구입한다고 해도 절대 이렇게까지 저렴할 수 없다는 걸 알게 될 겁니다. 수제 버거집의 햄버거 가격을 생각해 봐도 그렇고요. 햄버거가 이렇게 저렴하면 팔면 팔수록 맥도날드의 손해가 클 것 같은데, 어떻게 전 세계에 맥도날드를 확장할 수 있었을까요?

답은 하나입니다. 맥도날드에서 손해를 보지 않으려면 햄버거의 원재료 가격이 햄버거 가격보다 훨씬 더 저렴해야 합니다. 맥도날드는 어마어마한 전 세계 시장을 등에 업고 원재료 생산자와 협상합니다. 생산자 입장에서는 개당 가격을 조금 적게 받아도 한 번에 몽땅 물건을 팔 수 있는 맥도날드와 거래하는 것이 편리하지요. 맥도날드뿐 아니라 대부분의 기업들은 대량 생산을 추구합니다. 기업의 입장에서는 저렴한 가격에 재료를 많이 구입하고 제품을 많이 생산하니 조금 저렴하게 팔아도 큰 이윤을 얻을 수 있고, 소비자의 입장에서는 이전보다 더 싼 가격에 제품을 살 수 있으니 서로 윈윈이지요.

맥도날드 햄버거의 비밀, 두 번째. 숙련된 조리사는 필요 없다!

맥도날드에는 신기한 것이 또 있습니다. 전 세계 어디를 가든지 동일한 외형과 맛의 맥도날드 햄버거를 만날 수 있다는 것이죠. 어떻게 이런 일이 가능한 걸까요?

처음부터 맥도날드 햄버거가 이랬던 건 아닙니다. 맥도날드의 창업자인 리처드 맥도날드와 모리스 맥도날드 형제는 메뉴의 종류를 줄이고, 음식이 나오면 손님이 직접 가져가게 해 서빙 비용을 줄여서 가격은 낮고 품질은 높은 햄버거를 파는 것을 목표로 했습니다. 품질 좋은 햄버거를 싸게 파는 맥도날드의 성공을 보고, 수완이 좋은 사업가 레이 크록(Ray Kroc)은 프랜차이즈 사업을 제안합니다. 전국의 도로마다 맥도날드를 세워 햄버거를 팔면 돈을 많이 벌 수 있겠다는 생각으로, 햄버거를 더 빠르게 만들어 낼 수 있도록 중앙 조리 시설에서 미리 음식을 제조해 매장들에 공급하는 맥도날드만의 독특한 조리 시스템을 만들어 냅니다. 신선함이 필요한 식품은 냉동시켜서 보냈지요. 이 시스템을 통해 맥도날드 매장은 비교적 단순한 조리 과정을 거쳐 음식을 만들게 되었습니다. 주문이 들어오면 조리 지침과 정해진 절차에 따라 미리 제조

된 음식을 꺼내 그릴에 패티를 굽고, 감자를 튀겨 블록을 조립하듯 메뉴를 완성합니다. 새로 온 직원이라도 교육 프로그램을 통해 금방 익힐 수 있습니다.

맛있는 햄버거를 만들기 위해 햄버거나 원재료에 대해 깊이 있게 연구할 필요가 없습니다. 어떤 분야의 지식이나 경험이 깊은 경지에 이르는 것을 '조예가 깊다'고 하는데, 자신이 맡은 부분만 수행하면 햄버거가 완성되는 맥도날드에 조예가 깊은 숙련된 조리사는 필요가 없는 것이죠. 자신만의 개성을 발휘하는 것보다 표준화된 공정과 절차를 따르는 게 더 중요합니다. 그 결과, 우리는 세계 어느 곳에서나 똑같은 품질의 맥도날드 햄버거를 먹을 수 있는 거예요.

조리 과정이 단순화되면서 기업은 굳이 비싼 임금을 지불할 필요가 없어졌습니다. 누가 그 자리에 들어오더라도 똑같이 조리할 수 있으니까요. 기업은 많은 임금을 필요로 하는 숙련된 조리사보다 저렴한 임금을 제공해도 되는 사람을 고용할 겁니다. 이렇게 아낀 인건비가 저렴한 햄버거 가격의 또 다른 비밀입니다.

맥도날드뿐 아닙니다. 우리 사회를 살펴보면 산업화, 공장화가 이루어지면서 사회 전반에 숙련된 사람, 장인이 필요 없어졌어요. 그 결과, 오늘날 전 세계 어디에 가더라도 유사한 생활 모습을 볼 수 있게 되었죠.

해피(happy)하지 않은 해피밀(happy meal)

어렸을 때 맥도날드 해피밀 세트를 많이 먹었을 거예요. 해피밀에는 장난감이 포함되어 있어, 아이들이 열광합니다. 저도 시즌마다 장난감 시리즈를 다 모으기 위해 해피밀 세트를 정말 많이 먹었던 기억이 나네요.

그런데 '해피밀'이 진짜 우리를 '해피(happy)'하게 하는 '밀(meal)'인지 생각해 본 적 있나요? 아이들이 '해피(happy)'하려면 건강해야 합니다. 그러기 위해서는 영양의 균형을 고려해 건강한 식단으로 구성해야 하고요. 과연 해피밀은 건강하고 영양가 있는 음식일까요? 패스트푸드 메뉴는 대부분 지방, 나트륨, 콜레스테롤

이 높은 고칼로리 식단입니다. 해피밀 세트도 마찬가지지요. 해피밀 세트 메뉴에 감자튀김과 주스가 포함되어 있는데, 감자 자체는 칼로리가 낮지만 그것을 튀기면 지방을 흡수해 고칼로리 음식으로 변합니다. 주스 역시 높은 당분을 갖고 있어 과도하게 섭취하면 건강에 부정적인 영향을 줄 수 있고요.

햄버거 세트 메뉴가 얼마나 고칼로리로 구성되어 있는지 자세히 살펴볼게요. 청소년의 하루 권장 칼로리는 1,700~2,400kcal입니다. 맥도날드의 대표 메뉴인 빅맥 세트를 살펴보겠습니다. 빅맥 버거는 583kcal, 프렌치 프라이 미디엄 감자튀김은 332kcal, 콜라 스몰 사이즈는 101kcal로 빅맥 세트를 먹으면 1,016kcal로 하루 권장 칼로리의 대부분을 섭취하게 됩니다. 다른 메뉴를 추가했다면 섭취한 칼로리가 더 높아지겠지요. 만일, 세 끼 식사 중 한 끼로 빅맥 세트를 먹는다면 나머지 두 끼를 아무리 적게 먹어도 하루 권장 칼로리를 훌쩍 넘길 수밖에 없어요. 메뉴 특성상 채소도 많이 섭취하지 않을 거고요. 해피밀도 다르지 않습니다. 해피밀을 많이 먹으면 우리 몸은 '해피'하지 않을 가능성이 큽니다. 맥도날드의 '해피밀'이 누구를 행복하게 하는 식사인지, 정말로 행복한 식사가 맞는지 생각해 볼 필요가 있습니다.

무심코 먹었던 햄버거 하나에도 우리 사회가 숨어 있습니다. 햄버거뿐 아니지요. 내가 입는 옷, 내가 사용하는 물건 등 모든 것에는 맥도날드와 같은 대기업의 대량 생산과 시장 논리가 있습니다.

내 식습관에 개념 한 스푼

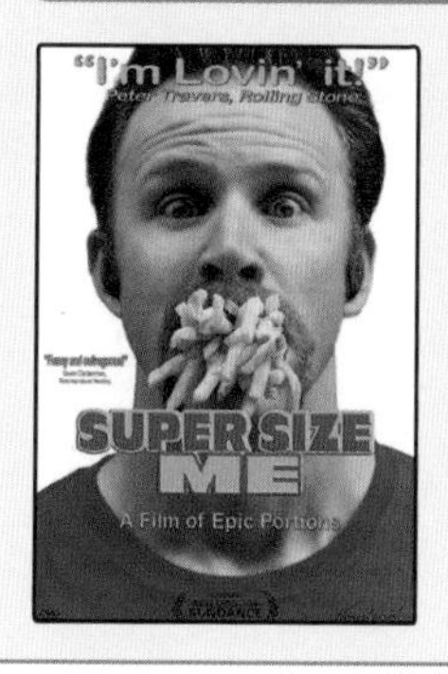

〈슈퍼 사이즈 미 Super Size Me〉는 30일 동안 하루 세 끼를 맥도날드 햄버거만 먹는 다큐멘터리 영화이다. 건강했던 몸이 햄버거만 먹으면서 어떻게 변해 가는지 보여 준다.

결말은 충격이야!

그 음식이 내 몸에 어떤 영향을 미치는지, 또 그 속에 담겨 있는 우리 사회의 이야기는 어떤 것이 있는지 귀를 기울여 보세요. 그러면 음식들이 하는 또 다른 이야기를 들을 수 있을 거예요.

한 걸음 더

♠ 맥도날드는 각 나라에 정착할 때 그 나라의 문화를 배척하거나 무시하지 않고 각 문화를 존중하고 융화해서 성공을 거둔 세계적인 다국적 기업입니다. 인도에 진출할 때는 소고기를 먹지 않는 문화를 존중해 양고기와 닭고기를 활용한 메뉴를 만들었습니다. 이 내용을 바탕으로 아래에 자신의 생각을 정리해 보세요.

❶ 여러분이 맥도날드 체인점을 연다면 어느 나라에 열고 싶나요? 그 나라의 문화와 사회 상황 등을 고려해서 내가 맥도날드 체인점을 열고 싶은 나라와 그 나라의 문화를 어떻게 융화할 것인지 생각해 보아요.

쓰레기통에 버려진 멀쩡한 음식들을 구조하라!

대량 생산과 대량 낭비의 악순환을 끊기 위해 노력하는 사람들

한 사람이 주변을 두리번거리더니 대형 슈퍼마켓 옆의 쓰레기통을 뒤지기 시작합니다. 마치 보물찾기를 하듯 쓰레기통에서 무언가를 열심히 찾던 그 사람의 손에 뿌듯이 들려 있는 것은 포장도 뜯지 않은 샌드위치, 캔음료와 진공 포장된 훈제 닭다리입니다. 쓰레기통을 뒤지다니, 그 사람은 노숙자나 거지일까요? 그렇지 않습니다. 그는 깔끔한 차림을 하고 있습니다. 게다가 직업도 있고 자신의 집도 있습니다. 그는 의기양양한 표정으로 쓰레기통에서 찾은 음식들을 들고 집으로 향합니다. 느긋하게 책을 보며 오늘의 수확물들로 저녁 식사를 즐길 예정이거든요.

이상하다고요? 멀쩡한 사람이 왜 이런 희한한 방식으로 식사하는지 도저히 이해되지 않지요? 더 놀라운 사실은 이런 식사를 하는 사람들이 전 세계적으로 점차 늘어나고 있다는 거예요. 이러한 사람들이 늘어나는 이유는 무엇일까요?

프리건, 공짜로 얻은 음식을 먹어 환경 정의(環境 正意)를 실천하는 사람들

현대 사회는 고도의 산업화로 인해 다양한 재화(財貨_ 사람이 바라는 바를 충족시켜 주는 모든 물건)들이 대량으로 생산되고 있습니다. 대량 생산으로 저렴해진 재화에 대한 소비도 함께 증가하고 있고요. 저렴한 가격, 넘쳐나는 공급은 재화에 대한 접근을 너무 쉽게 만들어 쉽게 소비하고, 쉽게 버리는 낭비적 소비를 하게 합니다. 이 과정에서 자원의 낭비와 환경오염, 과도하게 배출되는 폐기물 등 각종 문제가 발생하고 있죠.

이러한 현실에 문제 의식을 느낀 사람들이 1990년대에 환경운동의 일환으로 프리건 운동을 시작했습니다. '프리건(freegan)'은 '자유로운(free)'과 '채식주의자(vegan)'의 합성어로, '무료(free)'로 '얻다(gain)'라는 뜻도 가지고 있는 말이에요. 프리건들이 모두 채식주의자인 것도 아니고, 음식과 관련한 부분에서만 활동하는 것

도 아닙니다. 음식을 비롯하여 우리가 낭비하는 모든 재화를 대상으로 활동하고 있는 이들이 바로 프리건입니다.

프리건들은 음식 및 각종 상품의 구입을 최소한으로 줄이고 이미 생산된 것들을 최대한으로 이용하려고 애씁니다. 그렇게 행동함으로써 재화의 과잉생산으로 생겨나는 환경문제, 자원의 고갈 문제 등을 막기 위해 노력하는 거죠. 또한 그들은 전 세계에 굶어 죽어 가는 사람들이 상당히 많은데도 충분히 먹을 수 있는 음식들을 버리는 것, 그럼으로써 환경까지 파괴하는 것은 부도덕하고 반인륜적이라는 신념을 지닌 사람들이기도 합니다. 그런 신념을 갖고 있기에 버려지는 음식을 살리려고 지저분한 쓰레기통도 기꺼이 뒤질 수 있는 것이죠. 쓰레기통에서 구조한 도시락 하나가 또 다른 도시락의 불필요한 생산을 막아 전 세계인의 공공재인 환경을 조금이라도 지킬 수 있으니까요.

내 식습관에 개념 한 스푼

환경 정의(環境正意)

환경의 세대 간, 국가 간, 계층 간, 생물종 간 배분의 형평성을 실현하자는 것. 자연환경은 공익성이 강하므로 환경에서 오는 다양한 이익을 모든 사람들이 평등하게 누리고, 환경 파괴를 줄여 이를 후손에게 물려주자는 취지이다.

쓰레기통에서 나온 음식을 먹어도 괜찮은 걸까?

환경 정의를 실천한다는 것은 훌륭하고 가치 있는 일입니다. 하지만 쓰레기통을 뒤져서 찾아낸 음식을 먹는 행위는 다소 지나친 방법이 아닐까, 위생 문제로 인해 건강을 해치지 않을까 걱정하는 시선도 있을 거예요. 그렇기에 프리건이 등장한 지 30년 정도가 되었고 그만큼 프리건 활동에 참여하는 이들이 많아졌음에도 불구하고 우리나라에서는 아직 상상하기 어려운 외국의 사례로 여겨지는 것이죠. 그런데 이들이 먹는 음식이 정말로 쓰레기로 처리해야 하는 음식들일까요? 당연히 그렇지 않습니다.

미국이나 독일 등 외국의 프리건 활동 사례를 보면 이들이 뒤지는 쓰레기통은 가정집이 아닌 대형 슈퍼마켓이나 음식점의 것인

경우가 많습니다. 가정집의 경우는 냉장고에 보관했다가 상해서 버리는 경우가 많지만 슈퍼마켓이나 음식점들은 그렇지 않기 때문이죠.

슈퍼마켓이나 음식점들에서 버리는 음식들을 살펴보면 유통기한이 지난 음식은 물론이고, 유통기한이 지나지 않았더라도 일정 기한이 지나면 폐기해야 하는 규정을 지켜야 하는 음식들이 대부분입니다. 그러다 보니 아직 충분히 먹을 수 있는 멀쩡한 음식들도 버려집니다. 이런 곳의 쓰레기통을 뒤져 아직 유통기한이 남은 달걀, 채소, 빵, 샌드위치, 주스나 날짜가 조금 지났지만 먹을 수 있는 통조림 제품 등의 식품들을 찾아서 먹는 거죠. 게다가 이런 식품들은 대부분 플라스틱 용기나 캔, 병 등에 밀봉 포장이 되어서

내 식습관에 개념 한 스푼

유통기한

소비자에게 판매할 수 있는 기한으로 식품이 변질되는 시점을 기준으로 60~70% 앞선 기간으로 설정된다.

소비기한

섭취 시 안전에 이상이 없는 기한으로 유통기한보다 조금 더 길다. 소비기한을 기준으로 제품을 파는 경우 유통기한을 기준으로 할 때보다 폐기되는 식품의 양을 줄일 수 있다. 2023년 1월부터 유통기한 대신 소비기한 표시제로 바뀌었으나, 아직은 유통기한과 소비기한을 모두 사용할 수 있다.

내용물이 오염되어 있지 않은 경우가 대부분입니다. 겉만 깨끗하게 닦아 내면 충분히 먹을 수 있는 음식들이죠.

프리건까진 아니라도 프리건처럼 살고 싶다면

쓰레기통을 뒤지며 음식을 찾아 먹지 않아도 쓰레기통에 버려질 음식들을 구조할 수 있는 방법은 생각보다 많습니다. 혹시 '공유(나눔) 냉장고'에 대해 들어 본 적 있나요? 2011년 독일에서 음식물 쓰레기를 줄이기 위해 시작되었는데요, 우리나라에서도 '공유 냉장고'를 운영 중이랍니다. 공유 냉장고는 유통기한 이전에 모두 소비하기 어려운 식품들을 각 지역의 공유 냉장고가 비치된 곳에 공유하면 필요한 사람이 그것을 가져가는 방식으로 운영되고 있습니다. 많은 지역 자치단체에서 공유 냉장고를 운영 중입니다. 식품이 남아서 버리기 전에 지역의 공유 냉장고를 찾아서 기부하면 탄소 배출도 줄이고 이웃에게도 도움이 되겠죠.

'공유 냉장고' 말고도 음식물 쓰레기를 줄일 수 있는 또 다른 방법이 있습니다. 바로 앱을 이용하는 것입니다. '오늘 집밥'이라는 앱은 너무 많이 만든 음식이나 냉장고에 남아 있는 식재료를 이웃과 나눌 수 있도록 연결을 돕습니다. 게다가 근처 공유 냉장고의 위치, 공유 냉장고에 방금 들어온 식자재도 알려 줍니다. 또 '라스트 오더'라는 앱은 마감 세일을 하는 음식점, 편의점 정보 등을 알려 줍니다. 이 앱을 이용하면 소비자는 할인가에 구입하고 판매자는 재고에 대한 부담을 덜고 음식물 쓰레기도 줄일 수 있습니다.

공유 냉장고나 앱을 이용하면 우리도 환경에 보탬이 되는 삶을 살 수 있을 거예요. 하지만 가장 좋은 것은 남아서 버리는 음식이 없도록 딱 필요한 만큼만 구매하고 소비하는 것입니다. 식품을 새로 사기 전에 우리 집 냉장고에 무엇이 있는지 살펴보기, 기존 식재료부터 먼저 소비하기, 마트나 온라인 매장에서 식품을 고를 때는 저렴하다고 무조건 많이 사지 말고 적절한 양인지 고민하기 등의 작은 실천들을 해 보면 좋겠습니다.

혼밥해 봤니?

자꾸 작아지는 사회에서 외로워지는 우리

편의점에서 혼자 밥을 먹어 본 적이 있나요? 저는 혼자 밥을 먹어 보고 싶은 마음은 있는데, 누가 쳐다보는 것 같아서 용기가 없어 아직 혼자서 먹어 본 적은 없어요. 그래서 혼밥 하시는 분을 보면 대단하다, 부럽다는 생각을 하곤 합니다. 혼밥도 못 해 봤는데 어느새 '혼영(혼자 보는 영화)' '혼여(혼자 가는 여행)' 등 '나 혼자 즐기는 문화'가 익숙하게 자리 잡았습니다. 예능부터 드라마까지 혼자 사는 사람들의 이야기를 담은 방송이 인기를 끌고 있고요. 이제 '나 혼자' 살아가는 모습은 더 이상 낯선 모습이 아닙니다.

혼밥이 얼마나 유행인지 '혼밥 레벨 테스트'까지 나왔더라고요. 나의 혼밥 레벨이 어느 정도인지 확인해 볼까요? 여러분은 어디까지 가능한가요? 저는 혼밥 레벨이 높지는 않네요. 그런데 이런 혼밥 문화가 형성된 이유가 무엇일까요?

혼밥 레벨 테스트

레벨 1. 편의점에서 삼각김밥이나 라면 혼자 먹기

레벨 2. 학생 식당이나 푸드 코트에서 혼자 먹기

레벨 3. 패스트푸드점에서 세트 메뉴 혼자 먹기

레벨 4. 김밥천국 같은 분식집에서 혼자 먹기

레벨 5. 중국집이나 냉면집 등 일반 음식점에서 혼자 먹기

레벨 6. 소문난 유명 맛집에서 혼자 먹기

레벨 7. 패밀리 레스토랑에서 혼자 먹기

레벨 8. 고깃집이나 횟집에서 혼자 먹기

1인 가구가 증가하는 이유

'혼밥'이 늘어난 결정적인 원인은 1인 가구의 증가입니다. 통계청에 따르면 1인 가구는 현재 500만 이상으로, 세 집 중 한 집이 1인 가구라고 보면 됩니다. 주변 친구들을 살펴봐도 대부분 가족들과 생활하고 있는데 1인 가구 비율이 생각보다 높지요?

이혼이나 별거로 인한 가족 해체의 증가, 핵가족화와 도시화에 따른 노인 독신 가구의 증가, 젊은 세대의 비혼이나 만혼 추세의 강화, 혼인율 감소, 일자리를 위해 대도시에 간 청년 독립 가구의 증가 등 다양한 이유로 1인 가구가 늘고 있습니다.

1인 가구의 비율

(단위: %)

연도	전체	20-30대	60-70대
2000	15.5	6.5	4.4
2005	20.0	8.2	5.3
2010	23.9	9.0	6.3
2015	27.2	9.6	6.6
2016	27.9	9.7	7.0
2017	28.6	9.8	7.4
2018	29.3	10.1	7.7
2019	30.2	10.6	8.0
2020	31.7	11.4	8.5
2021	33.4	12.1	9.1
2022	34.5	12.3	9.5

출처: 통계청, 「인구총조사」

페이스북, 인스타그램 등 SNS의 확산도 1인 가구 증가의 주요한 원인입니다. SNS는 자신을 즉각적으로 드러낼 수 있는 창구입니다. 이를 적극적으로 활용하는 젊은 층을 중심으로 점차 자신의 개성을 중시하고 혼자만의 시간을 즐기려는 경향이 뚜렷해지고 있어요. 혼자만의 시간을 즐기려면 누군가와 함께 있는 공간에선 힘들겠지요. 그런 것도 1인 가구 증가와 관련이 있는 거죠.

'개인'을 중시하는 문화 이면에는 우리 사회를 오랫동안 강하게 지배했던 집단주의에 반발하여 가족이나 남의 간섭을 받지 않고 자유롭게 생활하고픈 심리가 깔려 있습니다. 요즘은 혼자 살아서 외로움을 느끼는 사람보다 다양한 '관계'에서 오는 스트레스 때문에 힘들어하는 사람이 더 많거든요. 개인을 중시하는 사회 흐름 때문에 1인 가구는 계속 늘어날지 모릅니다.

1인 가구 증가로 바뀐 모습들

1인 가구가 증가하면서 소비 시장도 크게 변했습니다. 한 번에 많은 물품을 구입해야 하는 대형마트보다 '혼밥'이 가능하도록 소포장으로 판매하는 편의점이나 온라인 이용이 더 활발한 추세입니다. 식품업계는 이런 '혼밥'의 유행 및 1인 가구 증가에 맞춰 발 빠르게 대응하고 있습니다. 혼자 먹기 힘들다고 생각해 왔던 피자나 치킨, 보쌈 같은 메뉴까지 1인용으로 출시되고 있는 상황입니다. 1인분씩 포장한 간편식도 꾸준히 출시되고 있고요. 최근 1인 가구를 위한 맞춤형 소스와 각종 양념까지 나왔습니다. 원재료인 채소와 육류 등도 이전에는 4인 가구 한 끼 기준으로 포장되어 있었던 것이 이제는 1인 가구용으로 소포장되어 판매되고 있습니다.

음식뿐 아닙니다. 1인 가구를 위해 제품의 크기를 줄인 가전제품이나 가구도 등장했습니다. 세탁기와 청소기는 물론이고, 미니 밥솥, 미니 냉장고, 1인용 그릴 등 가전제품이 소형화, 경량화되고 있습니다. 밥솥으로 유명한 '쿠쿠전자'의 6인용 이하 밥솥 판매율이 50%를 넘었습니다. 2000년대 중반 철수했던 소형 가전제품들이 다시 출시되는 경우도 늘었고요. 가구 산업도 마찬가지입니다. 과거에는 큰 가구가 넓은 자리를 차지하는 것이 대세였으나 최근에는 1인용 소파, 싱글 침대, 소형 신발장 등 작은 사이즈로 공간 효율이 좋은 것들이 인기를 얻고 있습니다. '거거익선(巨巨益善)'이었던 가구나 가전제품이 1인 가구가 증가하면서 '소소익선(小小益善)'이 된 거죠.

인건비를 절약하기 위해 도입한 키오스크도 '나 혼자' 문화를 앞당겼습니다. 키오스크가 있다면 누군가와 말할 필요 없이 조용

히 메뉴를 선택하고 결제하면 되거든요. 심지어 혼밥을 할 수 있도록 칸막이를 마련한 식당도 있습니다.

이제는 나노 사회로

1인 가구의 증가로 우리 사회는 핵가족보다 더 작은 조각으로 쪼개지고 있습니다. 김난도 서울대 소비자학과 교수와 전문가 9명이 함께 쓴 『트렌드 코리아 2022』 책에서 미래 한국 사회의 모습을 '나노 사회'로 예측합니다. 나노(nano)는 10억 분의 1을 뜻하는 단어로, 나노 사회란 매우 작은 단위들이 모여서 구성된 사회를 뜻합니다. 나노 사회에서 개인은 모래알처럼 뿔뿔이 흩어진다고 하는데, 사회를 이루는 가장 작은 단위인 가족의 구성원도 점점 줄어서 이제는 1인 가구가 된 거죠.

사람들이 이제 혼자 생활하는 것을 선호하기 시작했습니다. 많은 집단적인 관계에 집중하지 않는 경향을 보이고 한번 관계가 맺어지면 어쩔 수 없이 갖게 되는 책임과 의무, 비용 등으로 스트레스를 받습니다. 그래서 자신과 관심사가 비슷한 사람들과만 관계를 유지하면서 심리적 안정을 갖기를 원합니다.

채용 전문 기업 '사람인'에 따르면 직장인 1,000명 중 54.7%가 일부러 '자발적인 아웃사이더'가 되어 '불필요한 것에 신경 쓰고 싶지 않다'고 답했다고 합니다. 집단생활과 조직의 규칙 등에 얽매이기보다 홀로 생활하는 게 훨씬 편하다는 의미겠지요.

SNS에서 인간관계를 맺을 때도 마찬가지입니다. SNS에서는 친구가 되고 싶다고 해도 상대방이 그 관계를 수락해야만 관계가 이루어지죠. 관계를 끊고 싶으면 '일방적'으로 차단하면 그걸로 끝이고요. 사람들은 관계를 전략적으로 관리하고 통제합니다. 본인과 비슷한 취향, 목표, 관심사를 가진 사람들과 최소한의 비용으로 관계를 맺고, 자신에게 도움이 되는지를 판단하는 이익의 관점으로 상대를 판단하는 이른바 '온디맨드(On-demand)' 관계를 맺습니다. 페이스북, 인스타그램, 카페, 블로그 등 SNS를 통해 관심사를 공유하는 일들이 대표적이랍니다.

이런 분위기 때문에 세대 간, 성별 간의 단절이나 갈등도 급속히 증가했습니다. 코로나19로 인해 더욱 가속화되었고요. 혼자가 익숙해지다 보니 공동체 구성원 간의 유대감이 줄어들고 고립된 개인이 늘어난 거죠. 그것은 문제가 발생하더라도 누군가의 도움 없이 오롯이 혼자서 헤쳐 나가야 한다는 뜻입니다. 이 고립감은 우울감이나 타인에 대한 혐오로 이어져 사회 문제가 되기도 합니다.

혼자인 것도 좋지만 너무 외로워

2016년 고독과 외로움에 대한 사회적 문제를 해결하기 위해 노력했던 '조 콕스'라는 영국 노동당 의원이 극우주의자에게 살해당했습니다. 그를 추모하는 차원에서 그의 뜻을 이어받은 '조 콕스 위원회'가 만들어졌고 이 위원회를 시작으로 2018년 영국에서는 일명 '외로움부'라는 정식 정부 부처가 생겼습니다. 외로움을 사회적 문제로 국가 차원에서 대응해야 할 정책 의제로 판단했기 때문이죠. 이 부서에서는 영국의 디지털, 문화, 미디어, 스포츠와 함께 고독 관련 정책을 펼치고 있습니다.

정부 차원의 활동과 함께 영국의 민간 차원에서도 외로움에 대응하는 움직임이 활발합니다. '외로움 종결 캠페인'이라는 단체가 있는데, 외로움과 고독의 문제를 정의하고 어떻게 대응할지 매뉴얼을 제공하고 관련 개선 캠페인을 꾸준히 펼치고 있습니다. 처음에는 고령자 위주로 활동했지만 지금은 12~25살 등을 포함한 전 연령층으로 확대해서 전학, 이사, 이성 관계, 왕따 등의 외로움과 고독 관련 문제를 해결하는 데 노력하고 있습니다.

나 혼자 문화가 계속 확산되면 이런 외로움 문제가 더 심화될 거라 예상됩니다. 이를 위해 정부 차원의 노력과 사회적으로 외로움을 해결하려는 노력이 필요하겠지요. 최근 폭발적으로 증가한 묻지마 범죄도 고립감으로 인한 우울감과 혐오 때문이라는 분석이 많습니다.

나 혼자 문화에서 우리는 어떻게 살아야 할까

사람 인(人)이라는 글자는 사람과 사람이 서로 기대어 살아야 한다는 뜻으로 만들어졌습니다. '혼자'가 강조되는 사회이지만, 이런 사회에서 살아가기 위해서는 '함께'가 필요합니다. 현재의 추세라면 사람들은 더 이상 서로 기대어서 살아가지 않을 것입니다. 혼자만의 영역을 만들고 그 영역에 어울리는 사람들과만 어울렸다 헤어지는 관계를 반복할 것입니다. 그 외의 사람들은 배척될 가능성이 크지요. 그렇지만 사회와 단절되거나 다른 사람들을 소외해서는 안 됩니다. 아무리 나노 사회가 된다 하더라도 다양한 방법으로 사람들과 소통하고 공감하며 성장하고 발전해야 합니다. 또 소외당하는 사람이 없도록 해야 합니다.

인간은 사회적 동물입니다. 여러분이 어른이 되면 지금보다 더 작은 단위로 쪼개져서 살아갈지도 모르겠습니다. 사회가 작게 쪼개지더라도 우리는 '함께' 살아야 한다는 생각을 잊지 말아 주세요. 지금부터라도 혼자, 또 같이하기 위해서 우리는 어떻게 해야 할지 함께 궁리해 보면 좋겠습니다.

팜유를 먹을 때마다 잃게 되는 것들이 있다고?

이웃을 파괴하는 음식들

팜유는 열대의 기름야자 열매에서 추출한 식물성 기름입니다. 팜유는 실온 상태에서 장기간 보존이 가능하고 가공률이 높아 라면이나 과자 같은 식품이나 비누, 자외선 차단제 같은 화장품을 만들기도 하고 바이오 디젤의 원료로 쓰이기도 합니다. 팜유는 다른 식물성 기름에 비해 같은 면적에서 10배 정도의 많은 양을 생산할 수 있어 가격이 저렴하고 대량 생산이 가능합니다. 이런 이유로 팜유는 전 세계에서 가장 많이 사용하는 식물성 기름입니다.

왼쪽 과자의 원재료명을 살펴볼까요? 혼합식용유에 '팜올레인유'라고 쓰여 있는 거 보이나요? 이것이 바로 '팜유'예요. 마트에 가면 과자나 라면, 초콜릿 등 여러 가공식품의 원재료명을 살펴보세요. 팜유가 들어간 다양한 식품들을 쉽게 만날 수 있을 거예요. 아마 팜유가 안 들어간 식품을 찾는 것이 더 어려울 겁니다. 바삭바삭한 식감을 내고 다른 기름보다 오래 보관하기 좋아서 식품업체에서 팜유를 선호하기 때문이지요. 그런데 팜유에 관한 논란이 많습니다.

팜유, 진짜 우리 몸에 안 좋은 거야?

팜유에는 약 49%의 포화지방산이 있습니다. 나쁜 지방으로 알려진 포화지방산은 과다 섭취했을 경우 LDL 콜레스테롤 수치를 높이고, 심혈관 질환이나 뇌졸중 발병 위험을 높입니다. 미국의 한 연구에서 참가자 100만 명, 사망자 20만 명을 분석한 결과 포화지방산이 심장병, 암 등과 연관성이 있는 것으로 나타나기도 했습니다. 팜유를 200℃ 이상으로 가열하면 암을 유발할 수 있다는 논란도 있었습니다. 그래서 유럽연합에서는 한때 '팜유 무첨가' 표시제를 시행했고 이탈리아 최대 슈퍼마켓 체인인 '코프'에서는 팜유가 함유된 200개 제품의 판매를 금지하기도 했습니다.

그러나 팜유는 긍정적인 면도 많습니다. 팜유에는 비타민K, 베타카로틴, 토코페롤이 풍부합니다. 비타민K는 혈액 응고 및 뼈 건강에 좋고 베타카로틴과 토코페롤은 눈 및 피부 건강에 좋습니다. 그뿐 아니라 팜유의 토코페롤은 뇌의 고도불포화 지방이 산화하는 것을 막아 세포의 노화와 치매 진행을 늦추며 뇌졸중의 위험을 줄이는 데 도움을 줍니다. 앞에서는 뇌졸중의 위험이 있다고 했는데 또, 뇌졸중의 위험을 줄일 수 있다고 하니 이상하지요? 팜유의 약 49%의 포화지방산은 건강에 좋지 않지만 나머지 약 51%는 건강에 좋은 불포화지방산이거든요. 건강에 좋은 성분과 안 좋은 성분을 반반 갖고 있는 거지요.

이런 이유로 팜유는 극과 극으로 평이 갈리는 편입니다.

팜유가 환경을 오염시킨다고?

팜유는 인도네시아와 말레이시아 등 열대 지역의 중요한 수출 품목 중 하나입니다. 팜유에 대한 수요가 많아지면서 더 많은 팜유를 생산하기 위해 인도네시아와 말레이시아에서는 열대우림을 파괴해 팜 농장을 만들고 있습니다. 팜 농장으로 만들기 위해 열대우림에 불을 지르는데, 이때 수많은 나무가 불에 타서 사라집니다. 이렇게 만든 땅에 팜나무를 심는 거지요.

그린피스 인도네시아 지부에 따르면 1990년대 이래 31만km²에 달하는 열대우림이 파괴되었으며, 현재도 연간 2만km²씩 사라지고 있다고 합니다. 열대우림이 불타는 과정에서 어마어마한 양의

탄소가 나오는데, 이 탄소는 지구 온난화의 주범입니다. 실제 인도네시아의 탄소 배출량 중 60% 이상이 숲을 없애는 과정에서 나오고 전 세계 지구 온난화 기체 배출량의 15~20% 정도가 열대우림의 숲 파괴에 의한 것이라고 하니 팜유를 소비할수록 환경에는 안 좋은 것이 확실합니다.

열대우림을 태울 때 발생한 이 연기는 유입되면 먼지 및 각종 화학물질과 결합하여 우리 호흡기에 부정적인 영향을 미칩니다. 그러나 이 연기를 정화할 열대우림은 이미 불에 타 사라지고 없습니다. 이것이 팜나무 농장이 커지면서 지구 온난화가 가속화된 이유입니다.

문제는 이것만이 아닙니다. 열대우림에는 오랑우탄이 삽니다. 오랑우탄은 고릴라 다음으로 몸집이 큰 유인원으로, 주로 나무 위에서 생활하며 긴 팔로 나뭇가지 사이를 옮겨 다닙니다. 오랑우탄은 나무 열매를 좋아하며 흙이나 꽃 등을 먹기도 합니다. 열대우림은 오랑우탄이 살기에 가장 적합한 곳입니다.

열대우림을 태우면 그곳에 살던 오랑우탄들이 도망쳐 나옵니다. 이때 많은 오랑우탄이 밀렵꾼의 총에 맞거나 불에 타 죽습니다. 살아남았다 해도 문제입니다. 집이 사라져 버린 오랑우탄은 돌아갈 곳이 없고 결국 다시 밀렵꾼들의 표적이 되지요. 밀렵꾼들은 주로 오랑우탄 새끼를 잡는데 이때 오랑우탄의 어미를 사살하거나 기절시킨 뒤 새끼를 빼앗는 방법을 사용합니다. 오랑우탄 새끼

들은 암시장에 거래되어 애완용이나 곡예용으로 키워지고 어미는 약재, 식용, 전리품 등으로 쓰입니다. 다행히 밀렵꾼들의 눈을 피해 살아남았다 해도 안전하지 않습니다. 먹을 것이 없어 배가 고픈 오랑우탄들은 먹을 것을 찾다가 농장까지 내려옵니다. 그러곤 농장의 작물을 먹지요. 농장 주인 입장에선 밭을 망치는 오랑우탄이 예쁠 리 없습니다. 농장 주인들은 오랑우탄이 농장에 나타나면 때리거나 총으로 쏴 죽입니다.

이렇게 무분별한 사냥과 서식지 파괴로 1백 년 전 23만 마리였던 야생 오랑우탄의 개체 수는 이제 5만 마리도 채 되지 않으며, 그 수는 계속 줄어드는 중입니다. 수마트라, 보르네오섬에 서식 중인 수마트라 오랑우탄과 보르네오 오랑우탄은 '절멸 위급종'이 되었습니다.

열대우림의 파괴로 위기에 처한 동물은 오랑우탄만이 아닙니다. 단 한 세대 만에 수마트라코끼리의 서식지 69%가 파괴되었으며, 현재 야생에 남아 있는 수마트라코끼리는 불과 100마리도 되지 않습니다. 심각한 멸종위기에 처해 있지요. 이렇게 팜유로 인해 오랑우탄, 코끼리, 호랑이, 코뿔소를 비롯한 200여 종의 포유류와 500여 종의 조류 등 다양한 생물들이 생명의 위협을 받고 있습니다.

팜유와 인권 이야기

팜유로 위협을 받는 것은 동물만이 아닙니다. 팜유는 원주민들의 생계, 인권, 존엄에도 부정적인 영향을 끼쳤습니다. 보르네오의 외딴 마을 무아라 타에의 다야크 베누아크 부족은 자급자족이 가능한 풍요로운 땅에서 살고 있었습니다. 경작할 땅이 있었고 그곳에서 나는 목재와 여러 작물을 이용해 생계를 꾸려 나갔습니다. 한데 어느 날, 팜나무를 심기 위해 마을에 불도저가 들어왔습니다. 다야크 베누아크 부족은 조상들에게 물려받은 땅을 지키려 20년 동안이나 싸웠습니다. 그러나 끝까지 싸우기에는 역부족이었죠. 지금은 대부분의 땅이 팜나무 농장이 되었습니다.

이제 그들은 매우 열악한 환경에서 팜나무 농장의 노동자가 되어 팜 열매 수확, 팜나무 관리, 팜 열매 운반과 팜유 정제 공장 근무, 경비 등의 일을 합니다. 이들에게는 '타깃'이라는, 하루 안에 마쳐야 하는 업무량이 정해져 있습니다. 이 할당량을 채우지 못하면 급여가 삭감됩니다. 그러나 타깃으로 정해진 업무량이 지나치게 많아 근무 시간 내에 업무량을 채우지 못하는 경우가 많습니다. 결국 근무 시간을 초과해서 일을 하거나 가족을 데려와서 임금도 받지 못하고 일을 하게 되기도 합니다. 팜유 생산에 강제 노동, 미성년자 노동 동원 문제가 발생하기도 했지요.

팜 열매는 끝에 낫이 달린 긴 막대를 활용해 수확합니다. 주로 남성 노동자가 이 일을 하는데, 목표량을 채우려면 장시간 노동이 필요합니다. '팜나무 관리'는 팜나무가 잘 자라도록 비료를 도포하거나 제초 작업 등을 하는 일입니다. 이 일은 대부분 여성 노동자가 하는데, 하루에 뿌려야 하는 비료나 제초제의 양이 정해져 있으며 이 작업을 하는 중에 유해 물질에 노출될 가능성이 큽니다. 그중 가장 위험한 것이 맹독성 제초제인 파라콰트입니다. 파라콰트는 피부 접촉을 하거나 간접적으로 흡입하는 경우 폐 등에 심각한 손상을 가져올 수 있으며 그 외에도 파킨슨병, 신경계 손상, 암 등을 유발하는 것으로 알려져 있습니다. 그러나 대부분의 노동자들은 사전 안전교육 없이 보호장비가 제대로 갖춰지지 않은 상태에서 파라콰트를 살포합니다.

팜 열매 다발을 트럭에 실어서 공장으로 운반하는 일을 하는 노동자도 있는데, 이 일은 상대적으로 수월한 일이라 여덟 살 정

도의 어린 아이들이 하는 경우도 많습니다. 어떤 아이들은 농장에서 일하는 부모를 돕기 위해 학교를 그만두기도 합니다.

그럼 팜유를 어떻게 하라는 거야?

이렇게 부정적인 면이 많은 팜유를 왜 계속 사용하냐고요? 지금까지 팜유와 관련해서 너무 부정적인 이야기만 했나요? 그렇다고 팜유 생산을 무조건 금지하는 것도 답은 아닙니다. 논란이 많음에도 팜유를 계속 생산하는 이유는 아직 팜유를 대체할 만한 기름이 없기 때문입니다. 현재의 상황으로는 팜유만큼 저렴한 가격으로 다양하게 사용할 수 있는 것이 없습니다. 이런 상황에서 당장 팜유 사용을 금지하는 것도 좋은 방법이 아닙니다. 무턱대고 팜유 사용을 금지했다가는 팜유보다 더 해로운 기름이 그 자리를 차지할지도 모릅니다. 팜유의 긍정적인 면과 부정적인 면 중 어떤 면을 우선적으로 생각할 것인지 판단해야 합니다.

세계자연보전연맹(IUCN) 잉거 앤더슨(Inger Andersen) 사무총장은 "전 세계 많은 인구가 식품에 사용된 팜유를 먹고 있으며, 식물성 기름 생산에 사용되는 토지 면적 등을 고려할 때 팜유를 대체할 적절한 기름이 현재 없다"고 했습니다. 그러면서 "유일한 해결책은 삼림 벌채가 없는 팜유 사용을 위해 노력하고, 정부와 생산자 및 관계자가 지속가능성을 약속한 팜유를 생산하도록 협력하는 것"이라고 말했습니다.

우리가 먹는 모든 식품은 장단점을 갖고 있습니다. 내가 먹고 있는 이 식품의 긍정적인 면과 부정적인 면을 두루두루 살펴보고 어떤 것이 우리 지구와 이웃, 그리고 나의 건강을 위해 가장 훌륭한 선택일지 생각하면서 식품을 선택하는 현명한 소비자가 되기를 권합니다.

3

식생활과 미래

오늘의 식생활 관찰기

오홋... 이게 바로 말로만 듣던 푸드프린터...?!!
일단 탕수육을 주문 해 봐야지!
주문하신 탕수육 나왔습니다.
대박... 미쳤다!!
그 위에 생크림 진행시켜!!!!!
탕수육 1인분 추가요.
그 위에 게살 추가!!!!
적당히 해라...
넹...
몽둥이

지지직! 주문하신 음식이 출력되어 나왔습니다

3D 프린터로 음식을 만들어 먹는 시대가 왔다

“엄마, 오늘 저녁은 뭐예요?”

“네가 좋아하는 쇠고기 스테이크 어때?”

“와, 맛있겠다! 그런데 저 오늘 점심부터 소화가 잘 안 되더라고요. 소화가 잘되는 스테이크로 부탁드려요.”

아이의 요구에 엄마는 3D 푸드프린터의 버튼을 조작하기 시작합니다. 소화를 돕는 소화효소와 양배추 분말을 첨가하고, 음식의 질긴 정도를 50%로 낮춘 뒤 지방 함량도 낮춥니다. 근육은 제거해야겠다고 생각하던 차에 근육 카트리지가 똑 떨어졌다는 사실이 떠올랐습니다. 마침 다행이라 생각하며 오늘은 마블링을 10%로 최소화하는 대신 입맛을 돋우기 위해 육즙은 80%로 설정합니다. 이렇게 엄마의 사랑을 담은 섬세한 버튼 조작이 끝나자 프린터에서 스테이크가 빠르게 ‘인쇄’되기 시작합니다. 잠시 뒤 ‘출력’되어 나온 스테이크는 아이의 저녁 식탁에 오릅니다.

프린터로 출력한 음식을 먹는다고?

이미 사회 전반에서 널리 사용되고 있는 3D 프린터는 초·중·고등학교에 구비되어 있는 경우가 많아서 낯설지 않을 거예요. 하지만 3D 프린터로 음식을 출력해서 먹는다는 것은 아직 상상이 잘 안 될 텐데요, 도대체 어떻게 3D 프린터로 음식을 만들어 먹는 것이 가능하다는 걸까요?

푸드프린터라 해도 기본 원리 자체는 여러분이 가정에서 사용하는 프린터와 유사하다고 생각하면 됩니다. 다만 카트리지 안에 들어가는 것이 잉크가 아니라 식재료라는 것만 다를 뿐이죠. 원하는 식재료가 들어 있는 카트리지를 3D 푸드프린터에 끼우고 작동시키면 노즐을 통해 배출되는 식재료가 한 층씩 쌓이며 우리가 원하는 음식의 모양을 만듭니다. 기존의 종이 프린터가 컴퓨터 화면에 보이는 결과물과 동일한 파일을 평면인 종이에 그대로 출력했다면 3D 푸드프린터는 3D 도면으로 만든 이미지대로 가로, 세로, 높이가 존재하는 3차원의 음식을 먹을

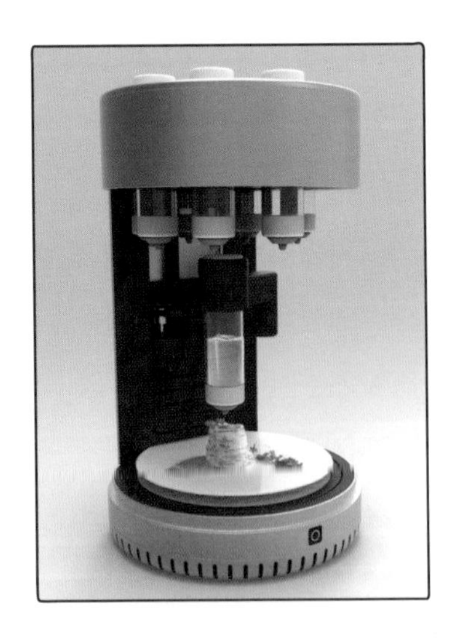

수 있는 재료들로 출력한다는 차이가 있죠. 이 결과물은 식재료들로만 이루어졌기 때문에 당연히 섭취해도 아무런 문제가 없는 것이고요.

사람의 손으로 만들기 힘든 복잡한 모양의 음식을 컴퓨터 제어를 통해 쉽게 출력할 수 있다는 장점이 있지만 3D 푸드프린터 자체에 오븐이나 가스레인지 등의 기능이 함께 있는 것은 아니다 보니 지금까지 3D 푸드프린터가 상업적으로 사용되는 분야에는 한계가 있었습니다. 요리보다는 음식을 장식하는 용도로 사용되었죠. 원하는 그림을 커피 위에 그려 주거나(셀피라테), 초콜릿·설탕 등을 이용해 케이크나 음식 위에 올리는 장식물을 만드는 정도로 말이에요. 하지만 최근에 3D 푸드프린터의 다양한 활용 방법이 꾸준히 모색되면서 관련 기술들이 개발되고 있습니다.

3D 푸드프린터, 기후위기 문제의 새로운 대안으로 떠오르다

3D 푸드프린터는 어떤 면에서 기후위기 문제를 해결해 줄 대안으로 떠오르는 걸까요?

3D 푸드프린터는 음식물 쓰레기의 양을 줄이는 데에 도움이 됩니다. 식재료를 사서 사용한 뒤 남은 것을 다시 냉장고에 넣어

두었다가 제때 사용하지 못하고 상해서 버리는 경우가 많지요. 만든 음식이 남아서 버리기도 하고요. 하지만 3D 푸드프린터를 이용하면 컴퓨터 제어 방식을 통해 식재료나 음식의 양을 조절할 수 있어 식재료를 많이 보관할 필요가 없고 조리된 음식이 많이 남지도 않습니다. 식재료가 분말이나 액상 타입으로 만들어져 카트리지에 담기기 때문에 식재료의 손질 과정에서 음식물 쓰레기도 적게 발생하고요. 음식물 쓰레기가 줄면 음식물 쓰레기로 인한 메탄가스도 줄고, 수질 및 토양 오염도 줄어듭니다. 불필요하게 만들어지는 음식의 양도 줄어들어 음식을 만드는 데 사용되었던 물이나 화석 연료의 낭비도 줄어들 것이고, 토양의 황폐화도 막을 수 있게 되지요. 이 모든 것들은 기후위기의 가속화를 늦추는 데 도움이 될 겁니다.

개별 맞춤을 통해 개개인의 다양한 욕구를 채우다

3D 푸드프린터가 더 매력적인 이유는 소비자의 다양한 욕구를 충족시킬 수 있다는 점 때문입니다. 다양한 식재료 카트리지의 조합을 통해 다양한 결과물의 출력이 가능하기에 음식과 관련하여 상상할 수 있는 많은 것들을 현실로 만들 수 있게 됩니다.

최근 1인 가구의 증가로 소포장된 식재료나 밀키트 등의 판매량이 증가하고 있는데, 이는 플라스틱 쓰레기와 음식물 쓰레기의 배출량을 높이고 자극적인 음식으로 건강을 해칠 가능성을 높입니다. 그런데 식재료를 정교하게 조합해서 음식을 만드는 3D 푸드프린터를 이용하면 1인이 섭취하기에 적당한 양의 음식, 먹고 싶은 메뉴의 음식을 식재료 낭비 없이 간단하게 만들어 먹을 수 있습니다. 요리 솜씨도 필요 없으니 누구나 맛있는 음식을 먹을 수 있겠지요.

노년층의 비율이 증가하는 현대 사회에서, 3D 푸드프린터로 만든 음식은 노년층의 건강한 식생활에도 큰 도움을 줄 수 있습니다. 노인이 되면 건강상의 문제가 발생하거나 노화로 인해 단단하거나 질긴 음식을 씹고 삼키는 데 어려움을 겪는 경우가 많습니다. 그렇다고 식사 때마다 제한적인 음식만을 먹어야 한다면 먹는 즐거움이 사라지겠죠. 그 때문에 삶의 의욕이 떨어질 수도 있고요. 그런데 3D 푸드프린터로 음식을 출력하면 먹고 싶던 음식의 맛이나 형태는 유지하면서도 노인들이 씹고 삼키기 좋은 음식을 만들 수 있습니다. 게다가 노년층에게 부족한 영양소를 첨가하여 균형 잡힌 영양을 공급해 활력 있는 삶을 살도록 도울 수 있어요.

이 기술을 환자식에 적용할 수도 있습니다. 병원에 입원한 환자들은 병의 증상이나 몸의 상태가 제각각입니다. 환자에 따라 식사량이나 음식의 질감과 간, 식재료, 필요로 하는 영양성분 등을 모두 다르게 조절해서 제공해야 하지요. 하지만 현실적으로 이렇게 환자의 상태에 따른 맞춤형 식사를 제공하기에는 어려움이 많습니다. 이때 3D 푸드프린터를 사용하면 환자의 상태에 최적화된 음식을 출력하여 제공할 수 있게 되고, 환자에게 필요한 영양을 효과적으로 공급할 수 있을 테니 환자가 빠르게 건강을 회복할 수 있게 될 거예요.

이외에도 개별 맞춤이 가능한 3D 푸드프린터는 다양한 영역에서 사용할 수 있습니다. 특정 식품에 대한 알레르기가 있는 경우 해당 식품이 들어간 음식은 아예 먹을 수 없을 때가 많은데, 3D 푸드프린터를 사용하면 알레르기 유발 식품을 대체할 수 있는 다른 식재료 카트리지로 교체하여 음식을 만들 수 있습니다. 알레르기가 있더라도 결핍되는 영양소 없이 건강한 식생활을 유지할 수 있는 거죠. 이렇게 3D 푸드프린터는 특정 성분을 첨가하거나 제거하기가 쉬워서 건강한 다이어트를 위한 식이 관리도 가능합니다. 음식의 맛과 형태는 유지하면서 몸을 살찌우는 성분을 제거하고 영양이 골고루 들어간 음식을 만들어 먹을 수 있으니까요. 편식하는 아이에게도 채소나 해조류, 생선같이 성장기에 꼭 필요하지만 좋아하지 않는 식재료를 조합한 뒤 치킨너깃의 형태나 그와 비슷한 맛을 가진 음식으로 출력하여 먹게 하면 균형 있는 식사를 제공할 수 있을 겁니다.

꾸준히 성장하는 3D 푸드프린팅 시장,
이미 다가온 미래 식탁

한국농수산식품유통공사에서 발행하는 'FIS식품산업통계정보'에 따르면, 세계 3D 푸드프린팅 시장은 2019년부터 2023년까지 연평균 46.1% 성장해 왔다고 합니다. 3D 푸드프린팅은 지금까지 팬케이크나 초콜릿 장식, 레스토랑 음식의 고급화 차원에서 사용되는 정도로 사용 범위가 한정적이었습니다. 하지만 모든 음식을 3D 푸드프린터로 만드는 레스토랑 '푸드잉크(Food Ink)'나 3D 푸드프린터로 출력한 고기를 실제 판매하기 시작한 이스라엘의 스타트업 기업 '리디파인 미트(Redefine Meat)' 등이 좋은 반응을 얻으며 3D 푸드프린팅 시장이 무섭게 성장하고 있습니다.

현재 보급된 3D 푸드프린터는 제작 속도가 느리고 표면도 매끄럽지 못해 성능이 다소 떨어지는 한계가 있습니다. 성능이 좋은 것들은 고가이기도 하고, 3D 푸드프린터로 만든 식품은 시장에 유통되기보다 아직 연구실에서 여러 가능성을 모색하며 연구 중인 경우가 많죠.

하지만 3D 푸드프린터는 가까운 미래에 각 가정의 필수품으로 자리 잡을 겁니다. 어떻게 확신하냐고요? 컴퓨터가 처음 등장했을 때만 해도 사람들은 컴퓨터가 연구자들만 연구실에서 다루는 고가의 거대한 기계라고 생각했습니다. 하지만 지금은 그 누구도 그렇게 생각하지 않죠. 오히려 그때보다 더 어마어마한 성능을 가진 컴퓨터를 보통의 가정, 학교, 사무실에서 사용하고 있지요. 3D 푸드프린터도 마찬가지일 겁니다. 지금은 비록 연구자들이 연구실에서 다루고 있지만 미래에는 자연스럽게 주방 필수품으로 자리 잡아서 누구나 아무렇지 않게 사용하는 때가 오지 않을까요?

3D 푸드프린터가 더욱 발전하면 음식을 먹으며 기후위기 문제에 대한 죄책감을 느끼는 일이 줄어들 거예요. 또, 천차만별 다양한 개인의 요구가 모두 반영된 맞춤 음식을 매일 먹을 수 있겠죠. 미리 설정된 버튼만 누르면 자신에게 최적화된 음식이 완성되니 어린이들이나 청소년, 요리에 자신이 없는 성인도 자신이 먹을 음식을 스스로 챙겨 먹을 수 있고 음식을 만드는 데 드는 시간을 줄

일 수도 있을 것 같습니다. 3D 푸드프린터라는 하나의 기계가 가져올 변화가 무궁무진하죠? 점차 변해 가는 우리의 식탁 모습을 지켜보는 것도 흥미로울 것 같습니다. 이미 그 미래는 여러분 식탁 위로 성큼 찾아오고 있습니다.

한 걸음 더

♠ 위 글에 대한 이해를 바탕으로 아래 질문에 대한 자신의 생각을 글로 써 보세요.

❶ 과학 기술의 발달로 기계가 인간을 대체할 수 있는 영역이 점차 확대되고 있습니다. 3D 푸드프린터는 과연 '요리사'를 대체할 수 있을까요? 자신의 생각과 근거를 써 보세요.

생각	3D 푸드프린터는 요리사를 대체할 수 (있을/없을) 것이다.
근거	

두 걸음 더

❷ 3D 푸드프린터가 냉장고처럼 각 가정에 보편적으로 보급된다면 어떤 변화가 생길까요? 우리 가족의 식사에 미칠 긍정적인 면과 부정적인 면이 무엇일지 생각해 보고, 3D 푸드프린터를 현명하게 사용할 수 있는 방법을 고민해 보아요.

3D 푸드프린터의 보급이 가족의 식사에 미치는 긍정적인 면

3D 푸드프린터의 보급이 가족의 식사에 미치는 부정적인 면

⇩

우리 가족이 3D 푸드프린터를 현명하게 이용하는 방법

아보카도가 지구를 황폐하게 만든다고?

환경을 파괴하는 음식들

오늘 저녁에는 맛있는 아보카도 명란 덮밥을 먹어 볼까요? 풍부한 영양에 비해 조리 방법이 간편해서 많은 사람이 즐겨 먹는 메뉴입니다.

우선, 검푸른색으로 잘 익은 아보카도를 골라 칼집을 내어 반으로 가릅니다. 양쪽으로 나뉜 아보카도를 살짝 비틀어서 씨를 뺀 후 딱딱한 껍질을 벗기고 아보카도 과육만 발라내 가지런히 얇게 썰어 뜨거운 밥 위에 올립니다. 그 옆에 계란 프라이와 알을 바른 명란젓을 놓습니다. 여기에 참기름을 살짝 뿌리고 간장을 한 숟가락 올리면 아보카도 명란 덮밥 완성! 김가루와 깨를 뿌리면 더 먹음직스럽겠죠. 꿀꺽! 읽기만 했는데도 군침이 돌지 않나요?

아보카도에 대해서 좀 아니?

아보카도는 부드러운 식감에 독특한 맛이 나는 과일입니다. 저는 처음 아보카도를 먹고 맛과 식감에 놀랐던 기억이 있습니다. 여러분은 처음 아보카도를 먹었을 때 어떻게 느꼈나요?

숲속의 버터라고도 불릴 정도로 고소한 맛이 매력적인 아보카도는 약 20m까지 자라는 나무에 열리는 열매로 수확하면 그때부터 익는 대표적인 후숙 과일입니다. 아보카도 생산량 1위 국가는 멕시코라고 합니다. 그러고 보니 멕시코 음식점에 갔을 때 아보카도로 만든 초록색 과카몰레와 나초를 먹었던 기억이 나네요.

아보카도에 대해 좀 더 자세히 알아볼까요. 아보카도는 두꺼운

표피가 악어가죽 같다고 해서 서양에서는 악어배(alligator pear)라고 불리기도 합니다. '과일의 왕'이라고 알려진 아보카도는 멕시코가 원산지로, 가지 하나에 쌍으로 열매를 맺는 아보카도의 모양 때문에 고대 아스텍 문화에서는 다산의 상징으로 여겼다고 합니다. 그래서 아보카도는 아이를 많이 낳게 해 주는 일종의 약으로 간주되기도 했습니다.

아보카도 하나를 먹으면 영양소의 하루 필수 섭취량에서 비타민K 26%, 엽산 20%, 비타민C 17%, 칼륨 14%, 비타민E5 14%, 비타민B6 13%, 비타민E 10%를 채울 수 있습니다. 거기에 2g의 단백질과 15g의 불포화지방산까지 있어 영양 만점의 과일이죠. 그래서 아보카도는 '슈퍼 푸드'라고 불립니다.

아보카도의 이야기 좀 들어 볼래?

16세기 콜럼버스가 아메리카 항로를 발견했습니다. 이때 아메리카에서 유럽으로 들어온 옥수수, 감자, 고구마, 토마토, 고추 등 대부분의 작물은 유럽 음식문화를 바꿀 만큼 큰 인기를 끌었습니다. 하지만 이상하게 아보카도는 외면당했습니다. 유럽뿐 아니라 미국에서도 아보카도는 그다지 인기가 없었죠.

원예사 헨리 페린(Henry Perrin)은 1833년 미국에서 처음으로

플로리다에 아보카도를 심었습니다. 하지만 판매로 이어지지는 못했습니다. 히스패닉들이 선호하는 과일이라는 인식 때문에 미국 사람들이 아보카도에 호의적이지 않기도 했지만, 결정적으로 과일이라 하기엔 단맛이 거의 없어 외면을 당한 거죠. 오랫동안 과일로 인정을 받지 못하던 아보카도는 1950년대가 되어서야 샐러드에 넣는 건강 음식으로 인식됩니다. 이후 멕시코 음식이 인기를 얻고 대중화되면서 아보카도도 조금씩 관심을 받기 시작했지요.

아보카도를 어떻게 판매할지 궁리하던 1980년대 캘리포니아 아보카도 농민들은 새로운 마케팅 전략을 찾았습니다. 미국인들이 열광하는 인기 스포츠인 미식축구의 결승전 '슈퍼볼'을 TV로 시청하면서 감자칩이나 나초를 과카몰레(Guacamole_ 으깬 아보카

도 과육에 토마토, 양파, 레몬즙, 소금 등을 섞어서 만든 소스)에 찍어 먹는 이미지를 만든 거지요. 그 결과, 아보카도는 888%라는 놀라운 판매 증가율을 보이며 대성공을 거두었습니다. 엄청난 증가율이죠? 숫자를 잘못 본 게 아닙니다. 이때부터 아보카도는 다이어트와 건강한 먹거리를 찾던 미국인들에게 크게 어필되어 '슈퍼 푸드'로 등극합니다.

지금도 미국에서 슈퍼볼이 열리는 날, 4,700만kg 이상의 아보카도가 소비됩니다. 이것은 미국 아보카도 총 소비량의 1/20 정도의 양입니다. 과카몰레 형태로 소비되고요. 1980년대의 대대적인 홍보가 아직까지 영향을 미치고 있는 거죠. 이 모습 왠지 낯이 익지 않나요? 마치 우리나라에서 월드컵 같은 축구 경기가 있는 날, 많은 사람들이 치킨을 시켜 먹는 것과 비슷하죠? 우리나라에서는 '축구 경기=치킨', 미국에서는 '미식축구=아보카도'의 공식이 만들어졌다 해도 과언이 아닙니다.

아보카도 수요는 전 세계적으로 크게 확산되는 추세입니다. 관세청 무역 통계에 따르면, 한국의 아보카도 수입량은 2010년 457t이었는데 2020년에 13,263t으로 10년 동안 30배 가까이 증가했습니다. 중국도 마찬가지입니다. 중국의 아보카도 수입량은 지난 10년 동안 1,000배 이상 늘었습니다. 아보카도를 중국 공식 화폐로 통용하자는 농담까지 있다고 하니 아보카도의 인기가 어느 정도인지 짐작할 수 있겠지요?

그런데, 몰랐던 아보카도의 배신

이렇게 맛있고 영양가 있는 아보카도가 환경을 파괴한다는 사실을 알고 있나요?

아보카도는 주로 아프리카나 중앙아메리카 지역에서 생산합니다. 하지만 아보카도를 많이 먹는 나라는 미국, 유럽, 아시아지요. 미국은 가깝지만 다른 지역은 굉장히 거리가 멀죠? 아보카도는 이 먼 거리를 여행해야 합니다. 그러기 위해서는 항공기나 선박이 필요합니다. 앞에서 이야기했던 것 기억하나요? 네, 대표적으로 푸드 마일리지가 높은 식품입니다. 우리가 아보카도를 많이 먹을수록 지구 온난화가 가속화되고 미세먼지도 더 심해진다는 뜻이지요. 그러면 수입하는 나라에서 아보카도를 직접 생산하면 좋지 않냐고요? 그러게요. 허나 안타깝지만 아보카도는 재배가 매우 까다롭습니다. 그래서 재배에 적합한 조건을 갖춘 특정 지역에서만 생산이 가능합니

다. 아프리카나 중앙아메리카에 살지 않는 사람이 아보카도가 먹고 싶다면 100% 수입해야 한다는 뜻이죠.

아보카도가 후숙 과일이라고 했던 말 기억나나요? 아보카도를 숙성하는 과정에서도 이산화탄소와 질소산화물이 발생합니다. '탄소 발자국'이라는 말을 들어 봤을 거예요. '탄소 발자국'은 제품 생산 전 과정에서 직간접적으로 발생하는 온실가스의 총량을 말합니다. 아보카도의 탄소 발자국을 알면 놀랄 겁니다. 아보카도와 생산, 수입 과정이 비슷한 바나나는 여섯 개에 480g가량의 탄소를 배출하는 데 비해, 아보카도는 두 개가 846g가량의 탄소를 배출합니다.

아보카도가 인기를 얻을수록 수출량이 늘어나겠죠? 이렇게 늘어나는 수출량을 맞추기 위해 불법으로 전나무 숲을 베고, 무분별하게 아보카도 나무를 심습니다. 멕시코 미초아칸 주는 멕시코 아보카도의 80%를 생산하는데, 이 때문에 매년 여의도 면적(약 2.9km²)의 두 배가 넘는 숲(약 6.9km²)이 사라집니다. 숲이 사라지면 공기 오염뿐 아니라 다른 문제도 발생합니다. 숲은 야생 동식물이 살아가는 삶의 터전인데 이 터전이 파괴되면 야생 동식물의 개체 수가 줍니다. 숲의 파괴가 생태계의 파괴인 거죠. 게다가 농약, 살충제, 화학비료 등으로 토양 오염이 가속화되면 야생 동식물이 살기 더 힘들어집니다.

또 다른 문제도 있습니다. 아보카도를 재배하려면 다른 작물보

다 최소 2~3배 많은 양의 물이 필요합니다. 그러다 보니 아보카도 재배지 주변 산림에 악영향을 미칠 수밖에 없지요. 아보카도 열매 하나를 키우기 위해 320L가량의 물이 소요되는데, 이것은 성인 한 명이 6개월가량 마실 수 있는 양이라고 합니다. 오렌지 하나는 약 22L, 토마토 하나는 약 5L의 물이 소요되는데 이와 비교하면 정말 엄청난 양이지요?

주요 아보카도 산지 중 하나인 칠레의 페토르카라는 지역은 아보카도를 재배하고 엄청난 물 부족에 시달렸다고 합니다. 아직도 페토르카 인근 지역 주민들은 가뭄과 지하수 고갈로 식수 공급이 어려워 급수 트럭을 통해 식수를 공급받고 있습니다. 아보카도가 지구와 재배 지역의 생태계에 미치는 부정적인 영향이 심각하지요. 이대로 가다간 아보카도 때문에 우리 지구가 말라붙어 버릴 지도 모릅니다. 우리 건강에는 '슈퍼 푸드'인 아보카도가 지구에는 '슈퍼 문제'가 되어 버렸습니다.

이뿐 아니라 아보카도의 어마어마한 수출은 곧 돈과 연결되어 멕시코에서는 아보카도를 탈취하기 위한 납치, 살해 같은 범죄까지 일어나고 있습니다.

미래를 위해서 우리가 할 수 있는 건

지금처럼 지구의 미래를 생각하지 않은 채로 아보카도를 무작정 먹어 댈 수는 없습니다. 이대로 가다간 우리는 지구 온난화와 미세먼지 때문에 더 이상 안전하게 살아갈 수 없을지 모릅니다. 우리의 미래를 지키려면 어떻게 해야 할까요? 우리가 지구를 지키기 위해 할 수 있는 일이 무엇일까요?

먼저, 의식적으로 우리 지역의 로컬푸드를 자주 이용하는 것입니다. 둘째, 아보카도를 대체할 수 있는 다른 식품을 찾는 겁니다. 아보카도가 먹고 싶으면 아보카도 대신 아보카도와 비슷한 케일, 비건 버터 같은 친환경적인 식품으로 대체하는 거죠. 많은 사람이 아보카도를 찾지 않으면 자연스럽게 아보카도의 생산량도 줄어들겠지요.

셋째, 아보카도를 먹는 횟수를 줄이는 겁니다. 만일 아보카도를 한 달에 세 번 정도 먹었다면 이것을 한 번으로 줄이는 거죠. 그러면 아보카도 소비량이 줄어, 생산량도 줄어들 겁니다. 세 가지 방법 중에서 우리가 할 수 있는 가장 쉬운 방법이 아닐까 합니다. 나 한 사람이 아보카도를 적게 먹는다고 지구에 무슨 영향이 있겠냐고 생각할 수도 있지만, 그렇지 않습니다. 이런 실천을 하는 사람이 한 사람, 한 사람 늘어날수록 아보카도 생산량에 영향을 줄 수 있습니다. 그러면 아보카도 때문에 나무를 베는 일도 줄고, 아보카도를 키우는 데 사용하는 물의 양도 줄어들겠죠.

맛있고 몸에도 좋지만 지구 온난화 및 미세먼지, 산림 파괴, 심각한 물 부족 등 우리 미래에 부정적인 영향을 주는 아보카도. 우리 주변을 둘러보면 아보카도처럼 맛은 있지만, 지구를 황폐하게 하는 식품들이 많습니다. 그것들이 무엇인지 찾아보고 장점과 단점을 알아보는 건 어떨까요? 만일 장점보다 단점이 더 많다면 그것을 줄이기 위해서 우리가 할 수 있는 일이 무엇이 있는지 친구들과 이야기 나눠 보기를 권합니다.

내가 남긴 급식이 지구를 아프게 한다고?

우리가 살아갈 공간을 위협하는 음식물 쓰레기

“급식은 저쪽에 가서 먹어야지.” 이제 막 배식받은 것 같은 식판을 들고 퇴식구로 오는 학생이 있어서 이렇게 말했더니 그 학생이 “다 먹었는데요?”라고 말하며 잔반통에 급식을 와르르 쏟아 버리는 모습에 충격을 받은 적이 있습니다. 속이 안 좋거나 반찬이 마음에 안 들었다면 처음부터 조금만 배식을 받아도 되었을 것을 식판 가득 받고 다 버리는 것을 보며 제가 만든 게 아닌데도 속상하고 아깝다는 생각이 들었죠. 물론 이렇게 급식을 모두 버리는 경우는 많지 않습니다. 하지만 이런저런 이유로 어떤 반찬은 손도 대지 않고 버리거나 한두 번 먹고는 맛이 없다면서 급식을 남기는 일은 종종 있지요. 인기가 많은 한두 가지 반찬을 제외하고는 대체로 자율배식인 경우가 많고, 먹기 싫은 반찬은 받지 않을 수도 있습니다. 그럼에도 점심 급식이 끝나고 나면 학생들이 버린 잔반으로 커다란 드럼통 몇 개가 가득 찹니다. 우리는 이렇게 급식을 마구 남겨 버려도 되는 걸까요?

학생 수와 음식물 쓰레기는 반비례 관계?

저출산으로 인해 학령인구가 지속적으로 감소하면서 자연스레 급식 대상 인구도 줄고 있습니다. 하지만 신기하게도 급식에서 남는 음식물 쓰레기의 양은 해마다 증가하고 있습니다.

학생 한 명당 남기는 음식물 쓰레기의 양이 점점 늘고 있다는 의미죠. 다음 그래프를 보면 서울시 초·중·고생 1인당 음식물 쓰레기의 발생량이 늘고 있는 것을 알 수 있는데요, 이는 서울만의 이야기가 아닙니다. 급식 잔반의 처리를 위한 각 지방 자치 단체들의 예산이 전체적으로 매년 증가하고 있거든요. 2023년 3월, 경기도 내 초·중·고등학교의 급식 잔반 처리비만 연 100억이 사용되고 있다는 보도도 있었습니다.

예전보다 학생들이 급식을 더 많이 남기는 이유는 무엇일까요?

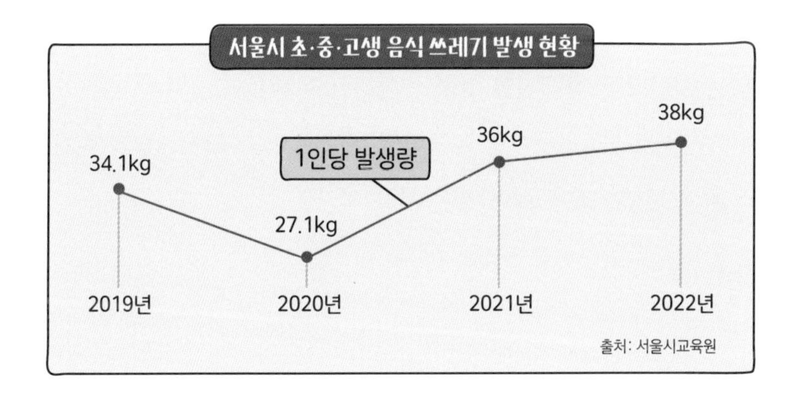

가장 큰 이유는 학생들이 선호하는 음식만 먹으려고 하기 때문입니다. 학생들은 채소보다는 고기, 가공식품류의 음식, 자극적인 맛의 음식을 더 선호합니다. 코로나19 기간 동안 배달 음식이나 간편식에 익숙해진 것도 급식을 남기는 하나의 이유가 될 거예요.

학생들의 입맛을 반영해 인기 많은 음식 위주로 급식을 제공하면 분명 잔반이 줄긴 할 겁니다. 하지만 학교 급식의 목표는 건강한 식단, 영양의 균형을 맞춘 식단을 제공하여 학생들의 성장을 돕는 것입니다. 자극적인 것을 좋아하는 학생들의 입맛에 맞춘 음식만을 제공하는 것은 학교 급식의 목표에 어긋나죠. 그렇다고 음식물 쓰레기가 계속 늘어 가는 것을 지켜볼 수만은 없습니다.

2005년 이후부터 우리가 버린 음식물 쓰레기는 매립되지 않고, 자원화 시설에서 퇴비·사료·바이오가스 등으로 재활용되는 자원화 과정을 거치고 있습니다. 음식물 쓰레기가 재활용된다니 계속 버려도 괜찮을 것 같다고요? 그렇지 않습니다. 음식을 재활용하는 과정은 상당히 복잡하고 비용도 많이 들기 때문입니다. 만약 퇴비·사료·바이오가스 등의 재활용 과정이 수월하고 이를 통해 충분한 수익이 발생한다면 경기도에서 급식 잔반 처리비용으로 100억이나 사용하는 일이 발생하지는 않았겠죠.

음식물 쓰레기가 어떻게 재활용되는지 그 과정을 살펴볼까요? 우리나라 음식들은 대부분 염분과 수분 함량이 높습니다. 그 때문에 자원화 과정에서 염분 및 수분 처리 과정이 필수입니다. 음식물 쓰레기의 80%가량이 음폐수(음식물 쓰레기에서 발생하는 폐수)로 배출되는데요, 이것이 토양에 유입되면 높은 염분 때문에 토양이 오염되어 농작물의 생장을 방해할 뿐 아니라 지하수에 흘러들어가 식수원을 오염시킬 수도 있습니다. 이를 막으려면 음폐수를 정화해야 하는데 이 과정에서 약품의 첨가, 고도의 공정 작업 등으로 인해 많은 비용이 발생합니다.

이게 끝이냐고요? 아니요. 음폐수가 제거된 음식물 쓰레기가 자원으로 재활용되기 위한 공정은 이제 시작입니다. 음식물 쓰레

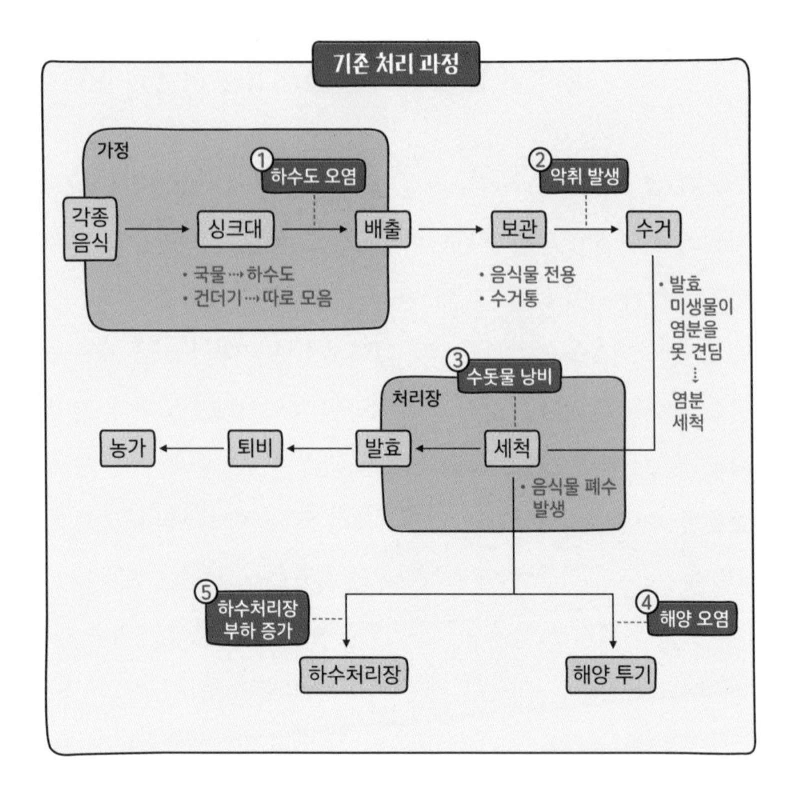

기가 자원으로 재활용되기 위해서는 음식물 쓰레기에 섞여 들어온 비닐, 뼈, 쓰레기 등의 각종 불순물을 분리하고 음식물 파쇄, 살균, 염분 제거, 남은 수분 제거를 위한 건조 등의 작업을 거쳐야 합니다. 이 과정을 거쳐도 염분이 완전히 제거되지 않아 이를 중화할 다른 물질을 섞어야 퇴비나 사료로 이용 가능하죠. 비용과 시간을 생각하면 음식물 쓰레기의 재활용은 정말 효율성이 떨어지는 일이에요.

최근 음식물 쓰레기가 썩으면서 배출되는 메탄을 이용한 에너지, 바이오가스로 재활용하는 것이 대안으로 떠오르고 있기는 합니다. 그러나 고액의 초기 투자 비용, 오랜 설치 기간, 심각한 악취로 인한 민원 등은 극복해야 할 문제로 지적되고 있습니다. 2021년 12월에야 처음으로 음식물 쓰레기로 바이오가스를 생산했을 정도로 아직은 음식물 쓰레기 재활용에 있어 걸음마 단계입니다.

음식물 쓰레기와 함께 버리는 것이 있다고?

음식물 쓰레기를 해결할 효율적인 대안을 찾게 된다고 해서 넘치는 음식물 쓰레기 앞에서 죄책감을 느끼지 않아도 되는 건 아닙니다. 우리도 모르게 음식물 쓰레기와 함께 버리는 것들이 꽤 많거든요.

'물 발자국'이라고 들어 봤나요? 물 발자국은 어떤 제품이나 서비스가 생산되는 모든 과정 동안 사용되는 물의 양을 말합니다. 다음 표를 보면 음식물이 생산될 때 상상 이상으로 물이 많이 사용되고 있다는 것을 알 수 있을 겁니다.

환경오염과 자원 고갈로 식수원이 부족한 상황에서 많은 물 발자국을 만들면서 생산된 식품이나 그 식품으로 만든 음식을 버리는 것은 우리가 마실 물을 버리는 것과 같습니다.

쌀, 밀, 보리 등의 곡식뿐 아니라 채소, 과일, 고기를 제공하는 돼지와 소. 이 모든 것들은 땅에 삽니다. 이것들을 키우기 위해 우리는 온실가스를 흡수하고 산소를 내어 주던 나무를 베어 내어 농사를 짓기도 하고 가축을 기르면서 토양을 오염시키기도 합니다. 농작을 반복해 토양을 황폐하게 만들기도 하고 말이죠. 인류의 생존을 위해 토양의 황폐화를 감수하고 음식을 만들었으면 그 음식을 소중히 여겨야 합니다. 음식을 버리면 비옥한 토양도 함께 버리는 셈이거든요.

이뿐 아닙니다. 농작물을 기르는 과정에서 기계를 사용하고, 운송을 위해 포장재를 만들며, 보관을 위해 냉장 시스템을 가동하고, 교통수단을 이용하는 모든 과정에 화석 연료가 사용됩니다. 우리가 음식물을 불필요하게 많이 만들어 낼수록 화석 연료의 사용량이 많아지고 온실가스 배출량이 늘어나는 거죠. 이렇게 온실가스를 생성하면서 만든 음식을 우리는 또 버립니다. 버린 음식물 쓰레기가 썩으면 또 온실가스가 배출되겠지요.

음식물 쓰레기 1kg당 온실가스가 1.7kg이 발생한다고 해요. 2022년 서울시 초·중·고생 음식물 쓰레기 배출량이 1인당 연간 38kg였음을 생각하면, 2022년에 서울시의 초·중·고생 1명이 1년 동안 65kg가량의 온실가스를 배출했음을 알 수 있습니다. 30년 된 소나무 한 그루가 연간 6.6kg의 온실가스를 흡수한다니 학생 1명당 1년에 30년산 소나무 10그루 정도가 흡수해야 하는 양의 온실가스를 배출한 것이죠.

온실가스 때문에 지구가 더워지고 기후 변화가 생겨 우리나라를 비롯한 세계 여러 나라에서 이상기후로 고통을 겪고 있는 것을 알고 있을 겁니다. 이 원인 중 하나가 우리가 버린 음식물 쓰레기라는 것이 놀랍지 않나요? 음식물 쓰레기를 버리는 것은 내가 살아가는 평범하고 편안한 생존 공간을 버리는 것과 같다고 볼 수 있습니다.

지구 살리기는 식판에서부터

음식물 쓰레기를 재활용할 수 있는 기술을 발전시키고 바이오가스를 상용화해 나가는 과정은 분명히 필요합니다. 하지만 지나치게 많이 버려지는 음식물 쓰레기로 인해 우리가 잃어버린 소중

한 자원들에 대해서도 진지하게 고민해야 합니다. 혹시 우리가 불필요하게 많은 음식들을 냉장고나 접시, 식판에 채우고 있지는 않은지 살펴야 합니다. 불필요하게 채운 것들은 결국 버려질 테니까요. 앞으로 식품을 필요한 만큼만 담고 구입하는 습관을 들이면 좋겠습니다. 먹기 위해 구입한 음식이나 식재료들이 냉장고에 오래 머물다가 상해서 버려지거나, 먹으려고 식판에 담은 음식들이 남겨지지 않도록 노력해 보는 것도 좋고요. 가족과 함께 일주일에 한 번, 혹은 한 달에 한 번 냉파(냉장고 파먹기)의 날을 정하는 것도 좋습니다. 그날은 다른 것을 구입하지 않고 냉장고 안에 있는 것만 먹는 것이죠.

또 식사를 할 때 잔반을 남기지 않는 것도 지금 당장 내가 할 수 있는 일입니다. 그러기 위해서는 처음부터 먹을 만큼만 그릇에 담아야겠지요. 한 끼 식사는 적은 양이지만 하루 세 번의 식사가 쌓이고 쌓여 1년이 되면 1,000번이 넘는 식사가 됩니다. 나 혼자만의 변화로도 상당히 많은 음식물 쓰레기를 줄이고 내가 살아가는 지구에 보탬이 될 겁니다. 여러분 한 명이 1년 동안 배출하는 잔반으로 인한 온실가스를 흡수하려면 소나무 10그루가 필요하다고 했죠. 만약 여러분 한 명이 1년 동안 잔반량을 절반만 줄이면 지구에 소나무 5그루를 심는 효과를 내는 것입니다. 나무를 심는 마음으로, 가까운 친구들과 함께 지구를 위한 변화를 만들면 더욱 좋겠죠. 여러분의 노력이 하나의 숲을 지키는 효과를 만들어

낼 수 있어요. 당장 식판에서부터 실천해 봅시다. 여러분이 살아갈 지구의 미래를 여러분의 손으로 변화시킬 수 있답니다.

한 걸음 더

2011년 수능 경제 영역에 지역 주민이 꺼리는 환경 시설을 건립한 뒤, 주민을 위한 각종 편의 시설 및 서비스를 제공한 사례와 아무런 조치도 취하지 않은 사례를 비교하며, 환경 시설 건립으로 인한 주민의 불편함에 대응하는 환경 정책의 필요성에 대해 생각해 보게 하는 문제가 출제되었어요. 〈내가 남긴 급식이 지구를 아프게 한다고?〉의 내용을 참고하여, 바이오가스 발전소와 같은 환경 시설을 건립할 때 지역 주민들과의 갈등을 최소화하기 위해 주민들을 설득하는 글을 써 보아요. (단, 다음의 내용이 들어갈 수 있도록 합니다.)

- 바이오가스 발전소가 필요한 이유
- 바이오가스 발전소가 건립되었을 때 발생할 수 있는 지역 주민의 민원
- 지역 주민을 설득하기 위해 지역 주민에게 정책적으로 제공할 수 있는 혜택

소 방귀에도 세금을 매긴다고?

육식과 맞바꾸게 되는 것들

"저기압일 땐 고기 앞으로."

오늘 힘들고 지칩니다. 이렇게 기운이 없는 날에는 고기를 먹고 나면 기분이 좋아지면서 기운이 나지요. 그중에서도 특히 1++ 소고기는 생각만 해도 입안에 군침이 돕니다. 촘촘하게 마블링이 박힌 고기를 불판에 살짝 구워서 입안에 넣으면 사르르 녹아 내리거든요. 그뿐인가요, 짭조름하게 간장에 졸인 소고기 장조림은 우리 집 공식 밥도둑입니다. 소고기 생각을 해서 그런가요? 고기 생각이 줄을 잇습니다. 소불고기는 또 얼마나 달고 짭짤한지요. 입맛이 없는 날에는 깊은 맛이 우러나는 소고기 뭇국으로 입맛을 돋우기도 하고요. 생일 같은 특별한 날에는 스테이크도 썰어야 합니다. 잠깐 생각했는데도 고기 요리가 엄청나게 많네요. 고기가 없는 메뉴는 상상할 수도 없을 것 같습니다. 그런데 이 책을 읽는 우리만 고기를 좋아하는 건 아닌가 봅니다. 전 세계 육류 생산량은 3억 톤을 넘었고 그중

97%가 소, 닭, 돼지라고 하네요.

고기를 많이 먹으려면 고기 생산이 늘어야겠죠. 고기 생산을 늘리기 위해 인간들은 '공장식 축산'을 만들었습니다. 공장식 축산이란 축산업을 공장처럼 운영하는 것으로 고기, 우유, 달걀 같은 축산물을 대량으로 얻기 위해서 동물들을 한정된 공간에서 대규모로 사육하는 형태를 의미합니다.

지구 온난화에 이산화탄소보다 위험한 가스가 있다고?

지구 대기의 99%는 질소(78.1%)와 산소(20.9%)로 이루어져 있습니다. 그리고 나머지 1%인 이산화탄소, 메탄 등은 태양으로부터 지구에 들어오는 짧은 파장의 태양 복사 에너지를 통과시키고 지구에서 나가려는 긴 파장의 복사 에너지를 흡수해서 지표면을 보온하는 역할을 합니다. 만일 이 1%의 기체가 없었다면 지구의 온도는 -19℃까지 떨어져서 우리 인류가 살기에 너무 추웠을 겁니다. 다행히 지구를 따뜻하게 해 주는 기체가 있어서 평균 약 14℃로 인류가 살기 좋은 기온을 유지하고 있지요. 이렇게 지구 대기를 따뜻하게 하는 기체를 온실가스라고 합니다. 온실가스에는 이산화탄소, 메탄, 아산화질소 등이 있습니다.

전체 온실가스 배출량의 65%를 차지하는 이산화탄소는 주로 화석 연료를 사용할 때 발생합니다. 이산화탄소 다음으로 중요한 온실가스는 메탄으로 약 17%를 차지합니다. 메탄은 유기물이 분해되면서 나오는 가스입니다. 메탄의 작은 분자 크기와 높은 열 흡수 능력 때문에 대기 중 메탄의 양은 이산화탄소의 양보다 적지만 온실 효과는 최소 80배나 강하지요. 이산화탄소보다 메탄이 지구 온난화에 미치는 문제가 더 심각합니다.

이 메탄 발생의 주요 원인으로 소의 방귀가 지목되었습니다. 사

람이나 소나 똑같이 방귀를 뀌는데 왜 소의 방귀만 문제라는 걸까요? 이것은 사람과 소의 위가 다르기 때문입니다. 소는 위가 4개나 되는 반추동물입니다. 반추동물은 삼킨 먹이를 특정 위에 저장했다가 다시 게워 내 되새김질합니다. 되새김질하는 위에 공생하는 미생물이 먹이를 분해하는데, 이 분해 과정에서 메탄이 발생합니다. 소의 위에서 생성된 메탄은 트림을 하거나 숨을 쉴 때, 또 방귀를 통해 소의 몸 밖으로 배출됩니다. 이것이 전 세계 메탄 배출량의 25%나 됩니다.

전 세계에서 사육되는 소의 수는 약 10억 마리가량 됩니다. 산업화 혁명 이후 육류 소비량이 급증하면서 소를 많이 키우게 되었습니다. 소 한 마리는 매년 평균 70~120kg의 메탄가스를 배출한다고 합니다. 이것은 승용차 한 대가 1년에 내뿜는 온실가스의

1.5배에 이르는 양입니다. 유엔식량농업기구(FAO)에 의하면 소의 방귀로 연간 약 1억 500만~1억 8,000만 톤의 메탄이 발생한다고 합니다. 이 정도면 결코 소의 방귀를 만만하게 봐서는 안 되겠네요.

최근 영국을 비롯한 유럽 국가들의 기온이 40℃에 육박하고, 잦은 산불로 많은 사람이 생명을 잃었습니다. 우리나라도 예외는 아닙니다. 여름이 오기 전부터 이미 너무 덥습니다. 겨울은 유난히 더 춥고요. 이런 기후 변화는 지구 온난화 때문이지요. 우리가 육류를 즐기는 생활을 많이 할수록 소는 더 많이 사육될 겁니다. 늘어난 소만큼 소의 방귀량도 늘겠죠. 공기 중 메탄의 농도도 높아지고요. 아무리 생각해도 육류의 생산량이 늘어난 것과 지구의 온난화가 심해진 것이 무관한 일은 아닐 것 같습니다.

배보다 배꼽이 더 큰 소 키우기

생각해 볼 문제는 이뿐만이 아닙니다. 과거에는 소를 방목해서 키웠습니다. 소가 초원을 다니면서 풀을 뜯어 먹었지요. 그러나 육류 소비가 폭발적으로 늘면서 이 방법으로는 육류 수요를 맞추기 힘들어졌습니다. 방목하는 소는 아무래도 살을 찌우기 힘들고, 한 번에 많이 키우기도 힘드니까요. 그래서 소를 축사에 가두고,

곡식을 먹이로 주기 시작했습니다. 눈으로 보기에 풀을 먹인 소고기와 비교하면 곡식을 먹인 소고기는 밝은 분홍빛으로 색깔이 예뻐 더 먹음직스럽게 느껴집니다. 또 곡식을 먹인 소고기는 지방 성분과 당분이 높아 단맛이 더 많이 느껴지고, 식감도 훨씬 부드럽습니다. 소비자들도 방목한 소고기보다 곡식을 먹인 소고기가 더 맛있다며 곡식을 먹인 소고기를 더 선호했습니다. 그 결과, 오늘날 대부분의 소들은 풀이 아니라 곡식을 먹고 있습니다.

소고기 1kg을 얻으려면 1만 5,000L가량의 물과 25kg가량의 곡식이 필요합니다. 미국에서는 가축용 사료로 사용하는 풀과 곡식을 기르기 위해 매년 128조L가량의 물을 사용하고 있고요. 소가 먹는 사료를 키우기 위한 땅도 필요합니다. 혹시 가축을 먹이기 위해 열대우림의 나무를 베어 내고 그 자리에 옥수수를 심는

사진을 본 적 있나요? 세계에서 소고기를 가장 많이 수출하는 브라질에서는 소의 사료를 위해 아마존 열대우림을 밭으로 개간했습니다. 아마존 열대우림은 온실가스를 흡수하고 저장하는 지구의 허파 역할을 하는 곳입니다. 그런 곳이 우리의 육식을 위해 매년 사라지고 있는 거죠.

엄청난 양의 소를 키우다 보니 소의 배설물 문제도 심각합니다. 소 한 마리는 하루 21.3kg의 분뇨를 배출합니다. 16명의 사람이 배출하는 것과 비슷한 양이지요. 소의 배설물은 거름으로 사용합니다. 하지만 그 양이 너무 많아 모든 배설물을 거름으로 이용하기엔 한계가 있습니다. 넘쳐나는 배설물은 방치되어 그대로 땅속으로 스며듭니다. 그리고 인근 지역에 악취를 풍기고 토질을 오염시키고 녹조를 발생시켜 수질 문제를 만듭니다.

우리가 소고기를 먹기 위한 과정에서 이렇게 많은 문제가 발생한다니, 배보다 배꼽이 더 크다는 말이 딱 맞는 것 같죠?

소가 방귀를 뀌면 세금을 내는 나라가 있다?

소의 메탄가스 배출 문제가 심각하다 보니, '소 방귀세'를 부과하는 나라도 생겼습니다. 일명 환경세인데요, 환경세란 환경을 오염시키는 기업의 생산 활동이나 제품에 대해 부과하는 세금입니다. 환경세는 환경오염 문제를 해결하기 위해 정부가 직접 규제하는 것이 아니라, 오염물질을 배출한 원인 제공자에게 경제적 제재를 가함으로써 간접적으로 환경오염을 통제하는 것입니다. 환경세에 대한 최초의 국제적 논의는 1990년대 초반에 실시된 OECD의 조사를 계기로 이루어졌습니다.

캘리포니아 주 정부는 2016년에 관련 법안을 만들었고, 에스토니아도 2009년부터 소 한 마리당 100달러의 소 방귀세를 부과하고 있습니다. 아일랜드와 덴마크도 마찬가지고요. 뉴질랜드는 2003년에 법안을 발의했다가 축산 농가의 반발이 심해 철회했지만, 방귀세 시행 여부를 검토하고 있고요. 해당 법안이 통과된다면 2025년부터 뉴질랜드에서도 방귀세가 매겨질 겁니다. 우리나라는 아직 방귀세를 매기지 않고 있습니다. 하지만 지금처럼 육식 위주의 생활이 계속 이어져서 지구 온난화가 가속화한다면, 우리나라도 언젠가 소 방귀세를 부과할지 모릅니다.

그 외의 환경을 위한 세금들

이외에도 세계 여러 나라에는 환경을 위한 다양한 세금이 있습니다. 중국은 해마다 약 450억 개의 일회용 나무젓가락을 사용하는데요, 이렇게 계속 사용한다면 숲이 사라지고 국토가 사막화될

수 있다고 합니다. 그래서 중국 정부는 나무젓가락에 5%의 소비세를 부과하는 일회용 나무젓가락세를 마련했습니다.

독일은 빗물을 처리하는 비용을 세금으로 받습니다. 일명, 빗물세라고 합니다. 이런 세금이 왜 생겼냐고요? 도시의 땅은 콘크리트로 포장되어 빗물이 땅속으로 흘러 들어가지 못합니다. 빗물이 땅속에 스며들지 않으면 지하에 빈 공간이 늘어나 싱크홀이나 포트홀(pothole_ 도로에 움푹 파인 구멍)이 발생할 수 있지요. 또 빗물이 지하로 스며들지 않아 빗물 재활용이 어렵습니다. 그래서 빗물이 지하로 스며들지 않는 지역의 거주자가 하수도 요금을 더 내도록 하는 것이 빗물세입니다.

지구의 온도가 1℃ 오를 때마다 가뭄으로 물 부족 인구가 5천만 명으로 늘고, 이 변화에 적응하지 못한 동식물은 멸종할 겁니다. 2023년은 기상관측 역사상 지구의 온도가 가장 높았던 해였습니다. 이 상태가 지속된다면 기후변화로 인해 매년 약 30만 명가량이 사망할 것이라 예상됩니다. 지구 온난화는 먼 미래의 일이 아니라 우리가 당장 겪고 있는 심각한 문제인 거죠.

그렇다면 지구 온난화를 줄이기 위해서 우리가 직접 할 수 있는 일은 없을까요? 지금까지의 육식 위주 식습관을 조금 바꿔 보는 건 어떨까요? 고기를 덜 먹으면 고기를 대량 생산하기 위한 '공장식 축산'의 수를 조금 줄일 수 있지 않을까요? 공장식 축산의 수가 줄어들면 지구 온난화를 조금 늦출 수 있을지도 모릅니다. 고기를 너무나 좋아하는 우리가 고기를 완전히 먹지 않을 수는 없겠지만 육식 위주의 식생활이 환경에 어떤 영향을 주는지 한번쯤 생각해 보면 좋겠습니다. 그리고 어떻게 하면 이 문제를 개선할 수 있을지 생각해 보고 작은 것부터 함께 실천해 봅시다.

한 걸음 더

〈소 방귀에도 세금을 매긴다고?〉에는 환경을 위한 다양한 세금들이 소개되어 있는데요, 여러분이 환경을 위한 세금을 만든다면 어떤 세금을 만들었으면 좋겠는지 생각해 보고 그 이유를 써 봅시다.

로봇이 농사를 짓는다고?

뚝뚝하게 농사 지어 먹는 시대가 온다, 스마트팜

"띵동, 택배로 농작물이 도착했어요."

농작물을 주문했냐고요? 아닙니다. 농작물을 키우는 게임을 했을 뿐인데, 게임 속 농작물이 다 자라자 집으로 보내 준 거예요. 아마 이 게임을 직접 해 봤거나 누군가 하는 걸 본 적이 있을 거예요. 모바일 게임인데 감자, 고구마, 양파, 토마토 등 15가지 농작물 중에 자신이 기르고 싶은 농작물을 선택하고 그 농작물에 매일 물과 비료를 주는 겁니다. 출석 체크를 하거나 여러 이벤트에 참여하면 물과 비료를 얻을 수 있고요. 농작물을 잘 키우면 실제로 농작물이 집에 도착합니다. 이 게임에서는 가상에서 물과 비료를 주지만 실제로 모바일로 농작물을 키울 수 있는 시대가 열리고 있습니다.

"교실을 나가 드넓은 농장으로 가라. 학생 여러분이 은퇴할 때쯤인 20~30년 후 농업은 가장 유망한 직업이 될 것이다. 그러니 모든 사람이 농업을 등한시하고 도시로 몰려나올 때 반대로 돈을 벌고 싶으면 농부가 돼라."

세계적 투자자로 정평이 나 있는 짐 로저스 회장이 2014년 12월 서울대학교 강연 중 한 말입니다. 미래에 부자가 될 수 있는 직업은 농부이고, 농업에 미래가 있다는 이야기입니다.

농사는 무척 고된 작업입니다. 농사를 생각하면 뜨거운 태양 아래서 땀을 뻘뻘 흘리는 모습이 떠오르지요. 그러나 미래의 농사는 지금과 다른 모습일 겁니다. 과학 기술의 발달로 더 많은 양의 농작물을 수확해도 농부의 손에 물 한 방울, 흙 한 톨 묻히지 않아도 됩니다. 물론 현재 기술력으로도 사막을 옥토로 만들어 농사를 지을 수 있습니다. 하지만 비용이 문제이지요. 지나치게 비싼 가격이라면 아무리 좋아도 상용화가 힘듭니다. 그래서 적은 비용으로 효율성이 높은 농업을 할 수 있는 기술을 연구 개발하고 있습니다. 그중 가장 주목받는 방법이 스마트팜(smart farm)입니다.

농장 상태를 스마트폰으로 점검한다고?

스마트팜은 정보통신기술(ICT)을 활용해 원격 또는 자동으로 시간과 공간의 제약 없이 작물의 생육환경을 관측하고 최적의 상태로 관리하는 '지능형 농장'입니다. 온실에 센서, 자동화, 인공지능 및 빅데이터 분석과 같은 첨단 기술을 활용하여 작물 생산 환경을 모니터링하고, 관리자가 농작물을 원격으로 관리하는 자동화 시스템을 구축한 첨단시설 농업의 한 형태라고 할 수 있습니다. 언제 어디서든 농장을 실시간으로 관리할 수 있는 것이 핵심이죠.

'농작물은 농부의 발걸음 소리를 듣고 자란다'는 말이 있습니다. 저는 학급 아이들과 작은 텃밭을 가꾸고 있는데요. 매일 급식을 먹고 나면 아이들과 함께 텃밭에 갑니다. 햇볕은 잘 받고 있는

지, 병해충을 입지 않았는지, 잘 자라는지, 궂은 날씨에 농작물이 상하지 않았는지 끊임없이 확인하고 돌봅니다. 문제가 생기면 그때그때 처리하고요. 순서를 정해서 학급 아이들이 매일 농작물에 물도 줍니다. 작은 텃밭도 이렇게 수고로운데 대규모 농장을 운영하는 농부들의 수고로움은 더 크겠지요.

스마트팜은 이런 노고를 덜어 줍니다. 아침에 눈을 뜨면 스마트폰을 통해 농장을 살핍니다. 온실의 온도가 어떤지 습도나 공기 순환에 문제는 없는지 등을 체크하는 거죠. 농장 안에 각종 센서가 설치되어 있어서 습도와 온도, 일조량, 이산화탄소량 등의 다양한 정보를 체크하고 서버로 전송합니다. 서버에 탑재된 인공지능은 작물의 발달 상태, 병해충 피해 등을 판단해 온도나 습도를 조절하고 배양액을 분사하는 등 알아서 농장의 상황을 파악해 최적의 상태를 유지합니다. 심지어 작물의 수확 시기와 생산량까지 예측 가능합니다. 그 덕에 안정적인 수입을 얻을 수 있습니다.

아마 여러분이 지금 먹고 있는 방울토마토, 고추, 상추도 이런 스마트팜에서 자란 것들일지 모릅니다.

스마트팜의 역사

스마트팜의 선두 주자는 네덜란드와 일본입니다. 특히, 네덜란드는 다양한 정보통신기술을 접목해 전 세계 스마트팜 시장을 이끌고 있습니다. '농업의 95%는 과학 기술이고 나머지 5%는 노동력'이라는 네덜란드는 전체 온실의 99%를 유리온실로 운영하고 있습니다. 네덜란드는 이미 1977년부터 온실의 온도, 습도, 일사량, 이산화탄소량 등을 조절하는 정보통신기술과 에너지 관리 및 재해방지 기술 등의 복합 환경 제어 시스템을 갖추었습니다. 네덜란드의 토마토와 파프리카의 80%가 이 시스템을 갖춘 식물 공장에서 생산되고 있다고 하네요. 일본도 네덜란드를 벤치마킹해 환경에 맞는 유기농 채소 및 과일 분야의 기술을 특화하고 있습니다.

우리나라의 스마트팜은 1995년 조기심 씨(현 농업회사법인 농산대표)가 파프리카를 심으며 시작됐습니다. 네덜란드산 파프리카를 일본에서 가져와 전북 김제의 약 1.1ha 땅에 재배한 겁니다. 네덜란드에 비해 생산 기간은 짧지만, 현재 일본 파프리카 시장의 80% 이상을 점령할 정도로 급성장했습니다.

지금도 우리가 먹고 있는 많은 식재료들이 스마트팜에서 자라고 있습니다. 스마트팜이 더욱 발전하면 더 이상 날씨 때문에 특정한 식재료의 가격이 폭등하거나 폭락하지 않을 겁니다. 모든 것을 통제해서 필요한 만큼 식재료를 생산할 수 있기 때문이지요.

한국형 1세대 스마트팜은 모바일 앱으로 온실이나 축사의 온도·습도 등 환경을 실시간으로 모니터링하고 비닐하우스를 자동으로 열고 닫는 등 스마트 기술을 농업에 적용하는 것이었습니다. 그 덕에 작업이 편리해졌고 시간과 장소에 구속받지 않는 농업이 가능해졌습니다. 그러나 사람이 모든 농사 환경을 직접 설정하고 조작해야 했고, 데이터를 이해하고 분석하려면 ICT 지식이 필요해 접근성이 떨어졌습니다.

한국형 2세대 스마트팜은 빅데이터와 인공지능을 기반으로 작물이 최적의 환경에서 생육할 수 있도록 했습니다. 음성과 영상 정보를 통해 작물 병해충 등의 정보를 인식하는 기술을 발달시켰고요. 인공지능 기반의 음성지원 플랫폼 '팜보이스'와 재배 전 과정에서 의사결정을 돕는 '클라우드 플랫폼'을 통해 생산성을 향상했습니다. 이것은 네덜란드 '프리바 시스템'과 경쟁할 수 있는 플랫폼으로, 1세대 스마트팜보다 훨씬 운용이 수월합니다.

한국형 3세대 스마트팜은 1세대와 2세대 스마트팜을 기반으로, 최적화된 환경을 만들어 무인으로 로봇이 농사를 짓는 시스템으로 전환된다고 합니다. 무인 트랙터로 밭을 갈고, 인공지능 드론으로 씨를 뿌리고, 로봇이 과일의 당도와 착색까지 판단해서 자동으로 수확, 선별 작업 하는 것까지 나아가는 것이죠. 그때가 되면 정말로 우리가 먹는 모든 식재료가 스마트팜에서 자랄지도 모릅니다.

현재의 스마트팜 기술은 2.5세대 정도 됩니다. 앞으로 스마트팜이 얼마나 더 발전할지 가능성이 무궁무진합니다.

빽빽한 도시에서도 농사를?

도시의 공간을 활용한 도시 농업도 발달하고 있습니다. 도시에는 작물을 경작할 토지가 부족합니다. 작물을 경작하려면 넓은 토지가 필요한데, 건물로 둘러싸인 도시에는 아무리 둘러봐도 그럴 곳이 없습니다. 하지만 좁은 공간을 잘 활용하면 작물을 재배할 수 있지요. 4계절 모두 수확이 가능하고요.

건물의 옥상에 텃밭을 만드는 '옥상 텃밭'을 들어 봤을 겁니다. 혹시 베란다에 화분을 놓고 고추나 상추를 키워 먹은 적 있나요? 이렇게 집 안이나 건물의 실내에서 식물을 키우는 방법도 있습니다.

최근 기술의 발달로 스마트팜과 비슷한 기술을 가정에 맞게 변화한 스마트 가든이나 스마트 화분이 출시되고 있습니다. 스마트 화분에 LED 전등의 빛으로 식물 생장에 필요한 빛과 물을 공급해서 식물을 자라게 하거나 커피 캡슐처럼 생긴 씨앗 캡슐을 스마트 화분에 심어 식물이 자라게 하는 것도 있습니다. 이런 스마트 가든이나 스마트 화분은 수직농장으로 운영해 좁은 공간에서도 키울 수 있어 도시에서도 농사가 가능하다는 장점이 있지요. 스마트팜 기술이 발달하면 건물이 빽빽한 도시의 작은 틈에서도 농사가 가능합니다. 내가 직접 재배한 채소를 수확해서 먹는 기쁨은 덤이고요.

그뿐 아니라 건물의 실내에 스마트 가든을 만들어 농업, 주거, 상업 등의 복합 공간인 빌딩을 농장으로 발전시키는 방법도 있습니다. 커다란 빌딩에 작물을 재배하면서 체험, 관광, 식당, 영화관

이 함께하는 복합 문화 공간으로 만들면 자연과 문화가 융합된 멋진 도시 공간이 탄생하겠지요. 식물의 초록색을 보면 심신이 안정된다고 하지요. 아파트 단지, 사회 복지 시설, 병원, 사무실 등 바쁘게 살아가는 우리 곁에 초록색의 스마트 가든이 있다고 상상해 보세요. 식량 문제를 해결할 뿐 아니라 심신 휴양, 정서 안정 등 삶의 질도 훨씬 나아질 겁니다.

스마트팜이 남극까지 진출했다는데?

외부 영향에서 자유로운 스마트팜은 도시뿐 아니라 어디에서나 작물 생산이 가능해 전 세계 식량 수급 불균형을 완화할 수 있는 좋은 방법이 될 수 있습니다. 스마트팜을 이용하면 사막 한가운데에서도 푸른 채소를 먹을 수 있습니다. 이러한 기술을 이용해서 남극 세종기지에도 스마트팜을 세웠습니다.

남극은 연평균 기온 -23℃의 혹한으로 땅에서 식물을 재배할 수 없습니다. 다른 대륙과도 거리가 멀고 접근성이 떨어져 신선한 채소를 먹기는 하늘의 별 따기이죠. 하지만 남극 연구원들의 건강을 위해서 신선한 채소를 공급해야 합니다. 그래서 남극에 있는 세계 각국 기지에서는 극지형 컨테이너에 수직농장을 접목한 스마트팜을 운영하여 신선한 채소를 공급하고 있습니다.

우리나라에서도 2010년 상추 등 잎을 먹는 잎줄기채소(엽채류)를 재배할 수 있는 수직농장을 세종기지에 설치했습니다. 그리고 2020년 말 이전보다 2배 크고 한층 더 발전한 형태의 컨테이너형

수직농장을 설치했지요. 이 수직농장에서는 엽채류 외에 열매를 먹는 채소인 고추·토마토·오이·호박 등 과채류까지 함께 재배할 수 있습니다. 상상해 보세요. 남극에서 삼겹살을 구워 상추에 싸 먹고, 고추를 쌈장에 찍어 먹기도 하고, 호박을 넣은 된장찌개를 끓이거나 오이냉국을 먹는다는 것을요. 스마트팜 덕분에 그런 일이 실제로 일어나고 있답니다.

남극에까지 스마트팜이 운영되고 있다니, 무얼 상상하든 그 이상의 것을 농사지을 수 있을 것 같지 않나요? 요즘에는 기술·가정 선생님들이 식생활 수업 활동으로 스마트팜을 운영하기도 합니다. 내가 스마트팜을 운영한다면 어떤 것을 키워서 먹어 보고 싶나요?

지구촌 한마을일수록 우리 집을 잘 지켜야 한다고?

총탄 없는 전쟁의 생존 전략, 식량 주권 지키기

마트에 가면 쉽게 볼 수 있는 바나나, 아보카도, 오렌지 등은 우리나라에서 재배되는 과일이 아니라는 걸 알고는 있지만, 지구 반대편에서 우리를 찾아왔다는 것에 놀라워하며 사 먹진 않습니다. 국제 유통망의 발달로 다양한 재화에 대한 무역이 가능해져 다른 나라 식탁에만 오르던 식재료가 우리 집 식탁에도 오르는 것은 자연스러운 일이 되었으니까요.

그러나 이러한 변화를 국가 간의 경계를 넘어 서로 가까워진 세계, '지구촌 한마을'이라는 낭만적인 단어로만 표현하기에는 힘든 면이 있습니다. 지구라는 마을을 구성하고 있는 집들 사이에 보이지 않는 전쟁이 날마다 일어나고 있고 그 피해를 가볍게 여길 수만은 없는 상황이 세계 곳곳에서 펼쳐지고 있거든요.

국가와 국가 사이에 군사력을 동원하여 물리적 공격을 가하며 싸우는 것을 '전쟁'이라고 합니다. 전쟁이 발발하면 적군의 군수물품이나 식량을 조달하는 보급로를 가장 먼저 차단하는 걸 알고 있나요? 인간은 먹어야만 생존할 수 있기에 보급로 차단은 적군의 생명줄을 끊기 위한 필승 전략이죠. 그런데 현대 사회에서는 실제 전쟁이 치러지는 상황이 아님에도 불구하고 이런 전략을 통해 국가 간 경쟁에서 우위를 차지하려는 시도가 종종 일어나고 있습니다. 피 한 방울 흘리지 않지만 많은 희생을 치를 수 있기에 '보이지 않는 전쟁'이라고 할 수 있는 이 전쟁은, 식량을 무기로 합니다. 매우 은밀하고 교묘하게 진행되어서 문제 상황을 제대로 인식하지 못하면 자신이 전쟁을 치르고 있다는 것도 모른 채 '식량 주권'을 빼앗기는 치명적인 전쟁이죠.

'식량 주권(Food Sovereignty)'은 국민, 지역사회, 국가가 그들의 식량을 생산하기 위하여 가지는 권리입니다. 모든 사람이 안전하고 영양가 있고 문화적으로 적절한 식량과 식재료의 생산에 대한 권리를 가진다는 것으로, 한 국가 체제를 건강하게 지속하기 위해 꼭 필요한 권리입니다.

모든 권리에 책임이 따르는 것처럼 식량 주권을 지키기 위해 국가는 식량 안보를 지킬 책임이 있습니다. '식량 안보(Food

Security)'는 인구의 증가나 재해, 재난, 전쟁 등의 위기 상황에 대비하여 일정한 양의 식량을 항상 확보하여 유지하는 것으로, 식량 확보에 실패하면 국민 생명과 직결되는 식량 자원을 다른 국가에 의존하게 됩니다. 지키지 못한 식량을 거래해 주는 국가에 식량 주권을 넘길 수밖에 없게 되는 거죠. 총·칼 대신 식량을 손에 쥐고 원하는 것을 요구하는 이들의 뜻을 거스르면 당장 굶게 되니까요.

우리 집 무기는 버리고, 이웃집 무기를 사다 쓴다고?

진흙을 물에 개어 소금과 마가린, 밀가루를 조금 넣어 섞은 뒤 뜨거운 태양 아래 말려서 만든 진흙 쿠키. 식사 대신 진흙 쿠키

를 먹는 충격적인 모습으로 빈곤국의 상징이 되어 버린 '아이티'는 1980년대까지만 해도 쌀을 자급했던 나라입니다. 하지만 1986년 미국에 쌀 시장을 개방하고 1995년 수입쌀 관세를 35%에서 3%까지 인하하면서 아이티의 쌀 농업은 몰락의 길을 걷습니다. 아이티에서 생산되는 양보다 더 많은 양의 값싼 미국 쌀이 들어오자 가격 경쟁력을 잃은 아이티의 쌀은 팔리지 않았습니다. 이제 아이티의 쌀은 시장에서 유통되지 않습니다.

세계 최대의 쌀 수입국인 필리핀 역시 1970년대만 해도 쌀 자급은 물론 쌀 수출도 하던 나라였습니다. 그런데 1990년대에 농업 투자를 줄이고 값싼 수입쌀을 대량으로 들여오는 대신, 관광업에 힘쓰면서 아이티처럼 쌀 농업이 몰락했습니다. 필리핀은 주로 베트남에서 쌀을 수입하는데, 2008년에 이상 한파로 쌀 생산량이 감소한 베트남이 자국의 식량 안보를 위해 쌀 수출을 중단한 적이 있습니다. 베트남 쌀 의존도가 높았던 필리핀의 쌀값은 천정부지로 치솟았고, 식량난에 빠진 필리핀에서는 폭동이 일어났습니다. 이것은 식량 자급에 실패해 다른 나라에 의존하면 그 나라에 식량 위기가 찾아올 때 함께 휘청거릴 수밖에 없음을 잘 보여주는 사례입니다.

아이티와 필리핀, 두 나라의 공통점은 무엇일까요? 자급이 가능하던 쌀을 다른 나라에서 수입함으로써 자국의 식량 안보가 무너지는 결과를 초래했다는 것입니다. 왜 이들은 스스로 식량 안보를 무너뜨렸을까요? 식량 안보나 식량 주권에 대한 인식이 부족해서였을까요? 아닙니다. 이들은 국가의 취약한 경제 상황으로 IMF와 세계은행에 빚을 지고 있었습니다. 아이티는 국가 예산의 65%를 IMF나 세계은행, 외국 정부 등에 의존했기에 쌀 관세 인하나 수입에 대한 요구를 거부할 수 없었고, 필리핀 역시 국가 예산의 40~60%는 외채를 갚는 데 써야 하는 상황에서 농업을 보호하기 어려웠지요. 쌀 자급이 불가능해진 아이티와 필리핀은 식량 주권을 다시 찾을 수 있을까요?

우리나라의 식량 안보는 튼튼할까?

아이티와 필리핀의 경제 구조는 여전히 취약합니다. 언제 쌀 공급이 끊길지, 가격이 상승할지 몰라 불안하지만 값싼 수입쌀에 대응하여 자국 쌀 농업에 다시 투자하긴 쉽지 않습니다. 논이 있던 자리에는 이미 건물이 들어섰거나 다른 작물이 자라고 있거든요. 버려진 논에 있던 관개시설은 망가져서 제 기능을 상실한 지 오래고요. 소를 잃고 나서 외양간을 고치려면, 외양간도 고치고 소도 다시 사야 하니 소를 잃기 전보다 더 큰 경제적 비용을 치러야 합니다. 식량 안보, 식량 주권을 잃기 전에 지켜야 하는 이유가 바로 이것입니다.

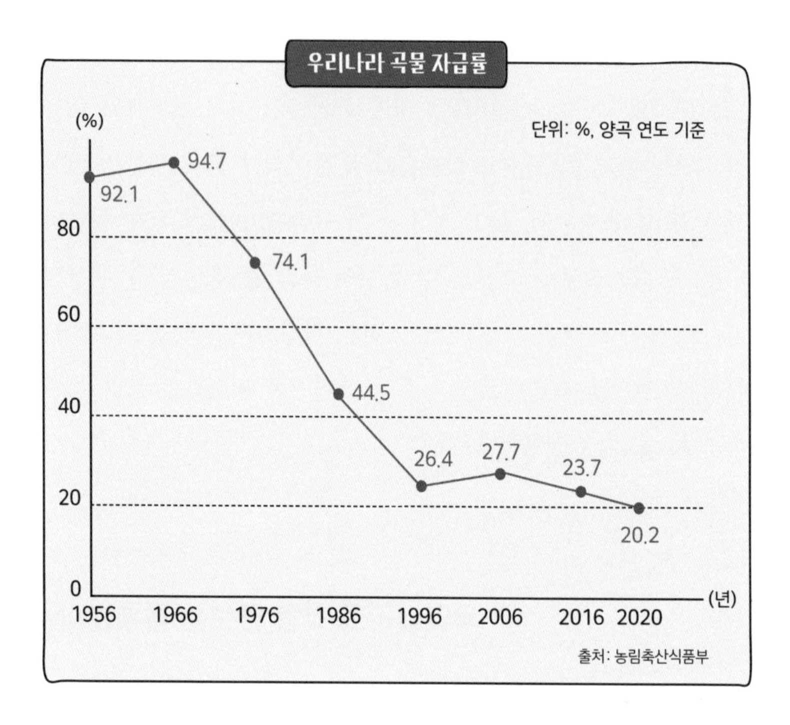

두 나라의 사례를 통해 주식(主食)에 대한 식량 자급률이 떨어지면 식량 안보가 무너지고, 식량 주권을 잃게 된다는 것을 알 수 있습니다. 다른 나라에 의존하지 않고 스스로 식량을 해결할 수 있어야 식량 안보를 지킬 수 있는 거죠.

우리나라의 식량 자급률은 1970년에 86.2%였으나 2020년에 45%까지 떨어졌습니다. OECD(경제협력개발기구) 회원국 중 최하위이지요. 주식인 쌀, 제2의 주식인 밀가루를 포함한 '곡물 자급률'은 1966년 94.7%였으나 2020년 20.2%까지 떨어졌어요.

2020년 당시 우리나라 쌀 자급률이 92.8%였는데, 전체 곡물 자급률이 20%밖에 안 된다는 것은 쌀을 제외한 곡물은 거의 다 수입에 의존한다는 것을 의미합니다. 우리나라의 곡물자급률은 다른 나라에 비해 상당히 낮은 수준이고 그만큼 식량 안보가 취약하다는 것입니다. 베트남의 쌀 수출 제한으로 직격탄을 맞은 필리핀과 유사한 사례가 우리나라에서도 쉽게 일어날 수 있다는 이야기이기도 하고요.

실제 2022년 우리나라는 러시아와 우크라이나 전쟁의 영향을 고스란히 받았습니다. 세계 밀 수출량의 25%를 차지하는 러시아-우크라이나의 전쟁은, 밀 자급률이 1%도 안 되는 우리나라의 밀가루 값을 폭등시켰거든요. 빵, 피자, 라면, 과자 등 우리가 좋아하는 많은 음식의 가격이 일제히 급상승했습니다. 밀가루 음식은

좋아하지만, 밀가루 자급이 안 되는 우리나라의 밀 수급이 외부 요인으로 흔들리는 것은 당연한 결과였습니다. 밀가루 값 폭등에도 필리핀처럼 식량난이 일어나지 않고 그나마 버틸 수 있었던 것은 우리나라의 높은 쌀 자급률 덕분이었습니다. 그렇다고 안심할 수는 없습니다. 주식인 쌀은 자급률 100%를 넘어야 식량 안보 기능을 제대로 발휘할 수 있기 때문입니다. 1970년대까지만 해도 쌀 자급률은 100%였지만, 쌀 시장 개방 이후 꾸준히 늘어난 수입쌀의 영향으로 국내 쌀 시장이 위축되면서 쌀 자급률이 꾸준히 떨어지다가 2021년엔 84.6%까지 내려왔습니다. 얼핏 쌀이 넘쳐나는 것처럼 보이지만, 주식인 쌀에 대한 해외 의존도가 높아지고 있는 것이 현실입니다.

우리나라의 식량 주권을 지키려면?

러시아는 우크라이나와 전쟁을 하면서, 우크라이나의 종자은행 유리에우연구소(Yuriev Institute_ 16만 종의 씨앗 품종을 보관하고 있는 곳)를 폭격했습니다. 러시아가 무기나 식량 창고가 아닌 종자은행을 폭격한 이유는 무엇일까요? 이를 보고 미국 일간지 「워싱턴포스트」는 종자를 파괴해 미래를 지우려는 행위라고 표현하기도

했는데요. 이는 '식량'이 현대 사회에서 굉장히 중요한 무기이자 방패가 될 수 있다는 것을 전 세계가 이미 알고 이를 전략적으로 사용했음을 보여 주는 사례입니다. 씨앗과 '식량'은 직접적인 관련이 있거든요.

모든 열매는 씨앗에서 시작됩니다. 곡물, 채소 등의 다양한 식량 자원들의 씨앗, 즉 종자가 없으면 식량을 얻을 수 없습니다. 식량 자급률과 곡물 자급률이 모두 낮은 우리나라의 2020년 기준, 종자 시장 세계 점유율은 1.4%로, 종자 자급률마저 낮습니다. 양배추, 브로콜리, 파프리카, 토마토 등의 채소는 우리 땅에서 키우지만 외국에서 수입한 종자라 로열티를 지급하고 사 와야 합니다. 식량·곡물 자급률이 낮은데 그 종자의 자급률까지 낮아서 전쟁, 지구 온난화, 기후 변화, 자연재해, 전염병 등의 다양한 요인에 의해 언제든 식량 안보가 쉽게 흔들릴 수 있어 심각한 상황입니다.

식량 안보를 확실히 하려면 식량 자급률과 종자 자급률을 높여야 합니다. 이를 위해 우리 농업에 대한 국가의 경제적 지원이 필요합니다. 장거리 수송 및 유통 과정에서 발생하는 높은 비용에도 불구하고, 미국 쌀이 아이티의 쌀보다 저렴한 가격으로 시장에 나올 수 있었던 것은 당시 미국 정부가 10여 년에 걸쳐 자국민의 쌀 농업에 110억 달러라는 거금을 지원했기 때문입니다. 현재도 미국은 자연재해나 전염병 등으로 재정적 어려움을 겪는 농민이 생기면 그들을 위한 금융 지원을 통해 식량 안보가 무너지지 않게 힘쓰고 있습니다.

우리나라의 농업 보조금 비율은 다른 나라에 비해 상당히 낮습니다. 값싼 수입쌀이나 수입 농산물과 경쟁하기 위해서는 계속 오르는 인건비, 비룟값, 기름값 등에 대한 보조금을 충분히 제공해야 합니다. 농민의 생계가 무너지면 우리 식량 주권도 무너지거든요.

꾸준히 우리만의 종자를 개발하고, 기존의 종자를 지키는 노력도 필요합니다. '벼'의 경우도 품종에 따라 수백 종의 볍씨가 존재하는 것처럼 하나의 작물도 다양한 종자를 갖습니다. 대규모 재배의 편의를 위해 종자의 다양성을 배제하고 단일품종으로 대량 생산하면 기후 변화나 자연재해, 병충해에 취약해집니다. 벼의 종자에 따라 적합한 기후, 생장 환경이 다르고 특정 병해충에 대한 취약성 여부도 다르기 때문이지요. 다양한 종자를 키워야 기후 변화나 자연재해, 병충해 등의 피해를 줄일 수 있습니다.

2021년 우리나라에서 이와 관련한 문제가 있었습니다. 전라북도의 벼 64% 이상이 '신동진'이라는 품종인데, 이 품종에 병해충이 돌면서 벼 생산에 심각한 피해가 발생한 것이죠. 만일 다양한 품종의 벼를 키웠다면 이 피해를 줄일 수 있었을 겁니다. 해외에서 들어오는 작물은 대부분 단일품종을 대량 생산하는 경우가 많아, 생산지에서 어떤 문제가 발생하면 신동진 벼처럼 일시에 생산 및 공급에 문제가 생길 가능성이 큽니다. 그러면 우리나라 식량 안보에도 문제가 생기겠죠. 우리나라만의 종자를 지키고 종자의 다양성을 유지하기 위한 노력과 연구가 필요한 이유가 바로 이것입니다.

우리 땅에서 나는 우리 쌀, 우리 밀, 우리 농산물을 이용하자고 하는 것이나 식량 안보를 지키려 노력하는 농민들에게 보조금을 더 투입하자고 하는 것이 단순히 애국심에 호소하거나 농민들을 돕기 위한 일이라는 생각으로는 현재의 식량 자급률을 반전시키기 어렵습니다. 식량 주권을 지키는 것은 바로 나 자신의 생존을 위한 것이거든요. 매일매일 식탁에 오르는 음식 덕분에 또 하루를 살 수 있습니다. 당연한 듯 차려지는 음식들이 당연한 것이 아니게 되면 생존에 위협을 받을 수 있습니다. 우리 식량 주권을 지키기 위해 지금부터 할 수 있는 일들을 고민하고, 실천할 수 있는 것들이 있다면 행동으로 옮겨 보길 바랍니다.

한 걸음 더

식량 안보와 관련된 내용들이 수능에 많이 출제가 됩니다. 식량 안보는 우리의 생존과 직결된 굉장히 중요한 문제이기에 종자 산업과 식량 안보에 대한 글쓰기 과정을 국어 영역에서 묻기도 했으며, 보조금 지급과 같은 정부의 적극적 개입이 주는 효과에 대한 것도 경제 영역에서 자주 출제되고 있습니다. 이와 관련한 내용들을 아래의 두 활동을 통해 확실하게 익혀 두도록 해요.

❶ 〈보기〉의 상황이 개선되지 않는 경우 벌어질 수 있는 문제를 〈지구촌 한마을일수록 우리 집을 잘 지켜야 한다고?〉를 참고하여 써 보고, 이에 대한 해결 방안을 제시해 보아요.

〈보기〉

> 종자 산업은 제2의 반도체 산업으로 불릴 만큼 미래 가치가 높으며, 식량 주권과도 긴밀한 관련이 있다. 하지만 미국과 중국이 세계 종자 산업의 50%를 차지하고 있는 상황에서 우리나라의 종자 자급률은 매우 낮은 실정이다. 국내산이라고 하는 채소들 대부분의 종자는 외국 기업의 소유인 경우가 많다. 외국 종자 기업 중 큰 규모를 자랑하는 곳은 우리나라 종자 산업에 투자되는 총액의 20배 이상이 되는 곳도 있다.

두 걸음 더

❷ 아래의 논제에 대해 찬성 또는 반대의 입장을 정하고, 자신의 생각을 정리한 후, 친구와 토론해 보세요.

농민에 대한 국가 보조금을 통해 우리의 식량 주권을 지켜야 한다.

나의 입장	찬성 / 반대
내 주장에 대한 근거	
상대측이 제시할 것으로 예상되는 근거	
상대측에 반박할 근거